U0181008

格致方法·质性研究方法译丛

人群志

[英] 阿曼达·科菲 著　　巴战龙 译　　林小英 校

DOING ETHNOGRAPHY
AMANDA COFFEY

格致出版社　　上海人民出版社

推荐序：
在真实世界与理念世界之间

　　我们来到这个世上走一遭，看到了这个世界的很多碎片。从研究的角度来理解，这些碎片都是研究的资料，我们要去分析和解释，于是产生了一个又一个的概念，再根据一些逻辑关系，将概念搭建成一个理念层面的世界。由此，真实世界和理念世界有了分隔。我们自己也在普通人的日常生活与研究者的学术研究之间来回穿梭。在研究的状态下生活，在生活的状态下研究，这大概就是质性研究范式所倡导的。从伍威·弗里克(Uwe Flick)主编的"格致方法·质性研究方法译丛"(英文版原名"SAGE质性研究工具箱丛书")所包含的10卷书中，我们首先就能体会到这种研究与生活相互纠缠、相互救赎、相互冲突也相互提升的常态。

　　从真实世界到理念世界，研究者通过"拟态"的本领，将世界的碎片转换成"文本"。从理念世界到真实世界，文本通过影响人们信奉的理论，调校人们的行为，增加了已然存在的世界的复杂性，当然也有可能带来一场革命性的突破。世界并不只是当下这一刻的时空情境，它总有一个漫长的过去，是由很多作为"历史存在"的人和事组成的。任何一秒钟都瞬间即逝，那么我们研究的"事实"到底是什么？时间线索把历史维度牵引了出来。加上历史的维度，我们原来所了解甚至深信不疑、刻板印象当中的访谈、观察、焦点小组等资料搜集技术就都值得商榷。在这个由无数历史碎片所构成的世界里，我们所捕捉的任何资料都是微尘。尽管在今天的学术研究中，采用这些技术去搜集资料已经成为了质性研究范式中"实证"取向的过程样态,研究者为此付出努力就能表明研究工作的效度和可信度。然而,在这些方法和技术之外,我们还能拓展什么? 还要不要继续纠结在已经占据 20 世纪研究方法领域主导地位的概念体系之中,竭力证明质性研究的实证价值? 质性研究对人类社会的考察,早已被放置在"社会科学"的理解框架之中,而历史、语言、艺术、哲学、伦理、道德等面向,又该如何对待和处理?

质性研究方法是研究者在真实世界和理念世界之间穿梭的路径之一。当我要去认识这个世界的时候,这个方法让我看到了什么,又让我看不到什么;它帮我解答困惑,可能又给我带来新的困惑。当我在一个完全不懂当地语言的异国中生活时,原来习以为常的人际互动方式几乎变得不可能,我回到了"手舞足蹈"才能比划出自己想要表达的意思的童稚状态,同时又类似一个青壮年文盲。通过语言文字来接收信息和传递信息的方式变得不再有效,生活上的艰难此时刺激出一种方法论的反思:在真实世界的尽头,如何通往理念世界? 在理念世界的尽头,又如何接引真实世界? 通过强调社会性的"互动"为研究过程而起家的质性研究方法,是不是需要重新定义互动? 我做了什么? 应该做什么? 如何找到自己的位置? 用什么工具? 沿着什么路径? 会遭遇什么困难? 能达到什么目标? 甚至,在这个过程中如何监控过程和质量? 读者朋友可以在这 10 卷本的丛书中找到诸多细致的提醒和讨论。

质性研究方法在中国学术界已有 20 余年的引荐和接受历程,但也一直面临一些经典的质疑,如这种方法是否科学,个案是否有代表性,抽样要多少个合适,有没有研究假设,是否要发展理论,与新闻采访有何区别……甚至有些定量研究的拥趸像面对异类的宗教信仰般排斥质性研究,而且拒不做认真而详细的了解。我把这种不相容归结为世界观的不同,即对世界的本体论看法有分歧所致。我们作为研究者,在考察这个世界的时候,不妨反思一下自己的世界观是什么,然后再选择与之恰切的研究方法。希望简单通过了解和运用一种研究范式而改变世界观是很相当难的,这需要很长的过程。研究者在尊重和悦纳自己的关于世界的本体论以及由此而决定的知识论和方法论以后,也需要友好地尊重和悦纳研究世界中的他者。知识的进步从来都充满了争鸣和挑战，但有能力的探索者从来不会因此而封闭自己，望而却步。既然我们都是去摸大象的盲人，那么不如移动一些角度，围绕"大象"多转几圈。通过这套丛书，你会看到多姿多彩的盲人之手，它们能带着你拼出一个心目中较为完整而清晰的大象模样。

期待学界同仁在中国情境中阅读这套基于西方经验世界的质性丛书，在本土脉络中运用质性方法，都将是充满发现和惊奇的智识之旅。

林小英

北京大学教育学院

北京大学教育经济研究所

北京大学教育质性研究中心

2019 年 12 月

主编寄语与丛书介绍

伍威·弗里克

"SAGE 质性研究工具箱丛书"简介

近年来,质性研究经历了前所未有的发展和多样化时期,已经成为诸多学科和脉络下既定的和受尊重的研究取向。越来越多的学生、教师和专业人士正面临着如何进行质性研究的问题,无论是一般意义上的质性研究,还是针对具体的研究目标。回答这些问题,并解决实操层面的问题,正是我们推出"SAGE 质性研究工具箱丛书"(*The SAGE Qualitative Research Kit*)的主要目的。

"SAGE 质性研究工具箱丛书"中的卷册汇集了我们实际开展质性研究时出现的核心问题。每本书都聚焦于用质性术语来研究社会世界的关键方法(例如访谈或焦点小组)或材料(例如视觉资料或话语)。此外,"工具箱"中的各个分册是根据不同类型的读者需求编写而成的。因此,"工具箱"和各个分册将针对如下广泛的用户:

- **从业人员** 社会科学,医学研究,市场研究,评估,组织、商业和管理研究,认知科学等领域的质性研究的从业者,他们都面临运用质性方法进行规划和开展具体研究的问题。
- **大学教师** 在上述领域用到质性方法的大学教师,可以将此系列作为其教学的基础。
- **学生** 对社会科学、护理、教育学、心理学等领域的本科生和研究生来说,质性方法是他们大学训练的一个(主要)部分,其中也包括实践应用(例如撰写论文)。

"SAGE质性研究工具箱丛书"中的每本书都是由杰出的作者撰写的,他们在其所在领域以及他们所撰写的方法方面拥有丰富的经验。从头到尾阅读整个系列的书籍时,你会反复遇到一些对于任何质性研究来说都是至关重要的问题,例如伦理、研究设计或质量评估。然而,在每本书中,这些问题都是从作者的具体方法论角度和他们所描述的方法取向来表述的。因此,你可能会发现在不同的分册中,关于研究质量或如何分析质性资料的方法和建议都不相同,但这些方法结合在一起,就能全面展示整个领域的情况。

什么是质性研究?

要找到一个大多数研究人员都接受的、共通的"质性研究"(qualitative research)的定义,变得越来越困难。质性研究不再只是简单的"非定量研究",而是发展出了自己的身份认同(甚或是多重身份)。

尽管质性研究方法多种多样,但质性研究的一些共同特征还是可以确定的。质性研究的目的在于探索"在那里"的世界(而不是在实验室等专业研究环境中),并以如下多种不同的方式,"从内部"去理解、描述和解释社会现象:

● 通过分析个人或团体的经验。经验可能与传记生活史或(日常的或专业的)实践相关;这些经验可以通过分析日常知识、讲述和故事来探究。

● 通过分析正在进行之中的互动和沟通。这可以基于对互动与沟通实践的观察、记录和分析而实现。

● 通过分析文档(文本、图像、电影或音乐),或类似的经验或互动痕迹。

这些方法的共同之处在于,都试图去解析人们如何构建周遭的世界、他们正在做什么或遭遇了什么,所有这些对研究对象都是有意义的,其中蕴含了丰富的洞察。互动和文档被视为协作地(或冲突地)构成社会过程和人工制品的方式。所有这些取向都代表了意义表达的方式,可以用不同的质性方法进行重构和分析,从而使研究人员能够提出(或多或少一般化的)模型、类型、理论,来描述和解释社会(或心理)问题。

我们如何做质性研究?

考虑到质性研究存在不同的理论、认识论和方法论,并且所研究的问题也非常多样,我们能确定质性研究的常用方法吗? 至少我们可以确定质性研究方法的一些共同特征。

- 质性研究者旨在从自然情境中获取经验、互动和文档,要为这些经验和研究材料的特殊性留出空间。
- 质性研究避免对研究对象给出一个明确定义的概念,也反对从一开始就提出一个假设以供检验。相反,概念(或假设)是在研究过程中逐步得到发展和完善的。
- 质性研究一开始就要求考虑方法和理论是否与研究对象相配。如果现有的方法不适合具体的问题或领域,那么就要调整研究方法,或者开发新的方法和路径。
- 研究者本身是研究过程中的一个重要部分,无论他们个人作为研究者的在场,还是他们在该领域的经验,以及这些经验(作为研究领域的成员)为他们所扮演的角色赋予的反身性(reflexivity)。
- 质性研究非常严肃地考虑情境和案例,以便理解所研究的问题。很多质性研究都是基于案例研究或一系列的案例研究,而案例

（及其历史和复杂性）往往是理解所研究对象的重要情境。

● 质性研究主要是基于文本和写作——从现场笔记和转录，到详细描述和阐释，再到最后的研究发现与研究整体的呈现。因此，如何将复杂的社会情境（或图像等材料）转化为文本——涉及转录以及一般意义上的写作——是质性研究的主要关注点。

● 正如方法须适用于研究对象，关于质性研究质量的定义和评估方法的讨论，亦必须考虑到质性研究本身与具体方法的特点。

"SAGE 质性研究工具箱丛书"的范围

《质性研究设计》(*Designing Qualitative Research*，Uwe Flick)从如何规划和设计一项具体的研究的角度，对质性研究进行了简要的介绍。它旨在为"SAGE 质性研究工具箱丛书"中的其他分册提出一个框架，重点关注实操问题以及在研究过程中如何解决这些问题。该书讨论了在质性研究中构建研究设计的问题；概述了研究项目工作的绊脚石，并讨论了一些实际问题，如质性研究中的资源；还讨论了更偏方法论层面的问题，如质性研究的质量和伦理问题。该框架在"工具箱"的其他分册中有更具体的介绍。

丛书中有三本聚焦于质性研究的资料收集和资料生成。这三本书是对《质性研究设计》中简要概述的相关问题的具体展开，针对具体方法给出了更加详细、更加聚焦的讨论。首先，《访谈》(*Doing Interviews*，Svend Brinkmann 和 Steinar Kvale)阐述了，在对人们就特定问题或其生活史进行访谈时，所涉及的理论的、认识论的、伦理的和实践的问题。《人群志》(*Doing Ethnography*，Amanda Coffey)关注收集和生成质性资料的第二种主要方法。这里再次将实用问题（如选择场地、收集人群志资料的方法、分析资料时的特殊问题），置于更普遍议题的语境中（人群志作为一种方法所涉及的伦理、表征、质量和充分性）加以讨论。在《焦点小组》(*Doing Focus Groups*，Rosaline Barbour)一书中，介绍了第三种最重要的生成资料的质性方法。在此，我们的主要关注点放在抽样、设计和分析资料的具体方法，以及如何在焦点小组中生成资料。

丛书中另有三本专门分析特定类型的质性资料。《质性研究中的视觉资料》(*Using Visual Data in Qualitative Research*，Marcus Banks)一书将焦点扩展到第三种质性资料（除了观察资料及来自访谈和焦点小组的口头资料外）。视觉资料的使用不仅成为了一般社会研究的一大趋势，而且使研究者在使用和分析它们时产生了新的实际问题，还产生了新的伦理问题。《质性资料分析》(*Analyzing Qualitative Data*，Graham R. Gibbs)一书提出了几种实际的方法，以及在理解任何类型的质性资料时都会遇到的问题，特别关注了编码、比较和质性资料机辅分析的实践。在这里，重点是口头资料，如访谈、焦点小组或传记。《会话、话语与文档分析》(*Doing Conversation，Discourse and Document Analysis*，Tim Rapley)将关注点扩展到与话语分析相关的不同类型的资料上。这本书关注的是已有的材料（如文件）、日常会话的记录，以及话语痕迹的发现，还讨论了生成档案、转录视频材料，以及利用这几类资料来分析话语时的实际问题。

丛书中的最后三本超越了特定形式的资料或单一的方法，采取的是更为广泛的取向。《扎根理论》(*Doing Grounded Theory*，Uwe Flick)专注于质性研究中的整体性研究计划。《三角互证与混合方法》(*Doing Triangulation and Mixed Methods*，Uwe Flick)阐述的是，在质性研究或定量方法中，几种方法的组合运用。《质性研究质量管理》(*Managing Quality in Qualitative Research*，Uwe Flick)一般性地讨论了质性研究中的质量问题，这个问题已经在丛书其他分册所探讨的具体情境中做了简要介绍。这本书介绍了在质性研究中，如何使用或重新制定现有的质量标准，或定义新的质量标准。该书考察了当前在质性方法论中关于"质量"和效度定义的争论，并检视了许多促进和管理质性研究质量的策略。

在我接下来继续概述读者手上这本书的重点及其在丛书中的角色之前，我要感谢 SAGE 出版社的一些人，他们对于这套书的推出至关重要。一开始是 Michael Carmichael 向我提出了这套书的构想，在项目启动时他的建议也非常有帮助。之后 Patrick Brindle、Katie Metzler 和 Mila Steele 接手了这个项目，并继续提供支持。这套书能从手稿变成书，Victoria Nicholas 和 John Nightingale 两位的支持功不可没。

关于本书

伍威·弗里克

在质性研究早期和新近的发展中,人群志(ethnography)扮演了重要角色。我们对田野关系的了解,对田野及其组成部分的开放性和导向性的了解大多来自人群志研究。尽管与**参与式观察**法联系密切,但无论是基于参与式观察,抑或最近取代参与式观察,人群志始终包含着各种各样的资料收集方法。在人群志中,我们经常发现观察、参与、或多或少的正式访谈,以及利用档案及其他事件线索的结合。同时也并不是每一个相关的问题都可以从人群志、参与和观察中获得。在这种情况下,抽样的重点不是选择研究对象,而是选择田野或机构,或者广而言之,是选择观察地点。20 世纪末以来,人群志中的方法论讨论逐渐从资料收集和田野中的角色发现转向来自田野的书写和报道、在田野中的研究和经验。人群志资料的分析常常是以寻找行为、互动和实践的模式为导向的。

在本书中,做人群志研究的这些关键议题都被详细呈现了。而其他书籍更多关注口头资料,如《访谈(第二版)》(Brinkmann and Kvale,2018)和《焦点小组(第二版)》(Barbour, 2018),抑或专注于分析会话(Rapley, 2018)或图像的书籍(Banks, 2018),《人群志》则将田野研究的语用学纳入了"SAGE 质性研究工具箱丛书"的范围。同时,在更广泛的人群志脉络中对使用信息来源(从访谈到视觉资料)进行详细分析,使本书更具吸引力。关于分析资料(Gibbs, 2018)、质性研究设计与质量(Flick, 2018a, 2018b)、三角互证(Flick, 2018c)和扎根理论

(Flick，2018d)的书籍为这里详细概述的内容增加了一些额外的脉络。这些书籍合在一起,使我们能决定何时使用人群志和观察,并且在田野中为运用人群志提供方法论和理论基础。本书中反复用于说明的典范研究,有助于更多地将人群志视作一种策略而不是一种方法,以及确认研究适用的问题和领域。

致　谢

感谢伍威·弗里克邀请我写作本书,并忝列于"SAGE 质性研究工具箱丛书"中。我要特别感谢他在写作中给予我的耐心和支持。我要感谢卡迪夫大学社会科学学院的同事们,感谢他们一直以来的合作和支持。非常感谢朱利安·皮特(Julian Pitt),感谢他的心心相印和相依为命,也非常感谢我的好孩子杰克(Jake)和托马斯(Thomas),只因你们做好自己。

目　录

推荐序　/Ⅰ

主编寄语与丛书介绍　/Ⅳ

关于本书　/Ⅹ

致谢　/Ⅻ

1　导论：人群志基础　/1

2　人群志与研究设计　/14

3　地点、案例与参与者　/26

4　在田野中：观察、会话与档案　/41

5　田野角色与关系　/56

6　人群志资料的管理与分析　/74

7　再现与人群志的书写　/92

8　人群志的(诸种)未来　/109

术语表　/124

参考文献　/127

译后记　/137

1 导论：人群志基础

主要内容

何谓人群志？

人群志简史

人群志的方法论脉络

女性主义人群志

后现代主义

原理与实践

学习目标

阅读本章后，你将：

● 获得对人群志术语的操作性定义；

● 能够区分作为研究方法和作为研究作品的人群志；

● 理解人群志的历史脉络；

● 了解那些对人群志发展至关重要的理论方面和学科方面的影响；

● 理解那些支撑人群志工作的主要原理和实践。

何谓人群志？

人群志（ethnography）是个术语，在社会科学和人文学科中被用于描述和定义一种社会研究方法，或者更为精确地讲，是理解和赋予文化与社会世界以意义的一套方法。直译起来，人群志意味着对特定人群（非我族类，ethno）的书写（生动记述，graphy）。人群志涵盖的范围包括用于收集关于一个情境的质性信息的资料收集技术，还经常包括在特定情境的日常生活中相当多种类的研究者参与。在人群志研究中，资料收集使用许多社会行动者惯常过日子的技巧和方法，例如，使用诸如观察、倾听、收集档案和记录信息的技术。在人群志中，以系统和反思的方式使用这些常规惯例和日常实践，目的是生成分析和理解。

人群志方法是记录和理解社会和文化生活之质性研究路径的巨伞的组成部分。实际上，术语"人群志"和"质性研究"经常是可交替使用的，而且人群志经常也被视为当代的、日益多样化的、质性的研究实践的基石。包含和使用人群志方法的质性研究，通常被越来越多地用于横跨社会科学和人文学科的许多领域，以及包括社会人类学、社会学、犯罪学、宗教研究、健康研究和教育在内的同源领域。

话说回来，人群志是为了形成和说明我们对日常生活和文化的理解，而被用于描述收集质性信息的一套方法的一个术语。人群志亦是被用于描述人群志研究的作品和结果的一个术语。人群志的制作或书写是一种技艺，能使研究者通过一个地方和人群的讲述而将多样的材料和阐述汇聚起来。在此种意义上，"人群志"（ethnographies）是运用质性资料和分析精心制作的研究报告，旨在为所研究的社会情境提供丰富描述。这样的报道通常是书面的文本，它提供叙述，但为了"书写"（write）和再现情境也可包括其他种类的资料展示——照片、活动图像、诗歌、档案、演出和物品。

人群志简史

研究特定社会和文化脉络中人群的人群志路径，有着漫长的历史，最易被追溯到 19 世纪晚期和 20 世纪初叶社会和文化人类学家的工作,彼时人类学家开始关注通过密切且有活力的参与去研究和理解"他者"社会。例如,在 20 世纪的头 25 年中,波兰人类学家布罗尼斯劳·马林诺夫斯基(Bronislaw Malinowski)和英国社会人类学家阿尔弗雷德·拉德克利夫-布朗(Alfred Radcliffe-Brown)发展了为理解人类境况而在一个情境中浸没和参与的想法。反思那个时代,这些人类学家利用对殖民生活的特定理解和经验,为调查"他者"社会功能发挥和结构化的方式,长时间在诸如非洲和太平洋诸岛的地方从事人类学**田野调查**(fieldwork)。他们采用的路径是当时已被质疑的、与研究传统文化有关的一种重大转折,代表从演化路径向社会发展的位移,迈向经由制度和关系对社会生活的日常成就和实践成就的细致探索。借助后见之明,很明显,殖民势力对"传统的"(traditional)社会运作方式,以及实际上经由人类学探究所达致的理解都产生了显著影响。也就是说,一个有说服力的论点是,人类学的凝视服务于特定殖民统治影响的调和,以及延长经常包括长时间的居留在内的人类学田野旅行,可以说为延续殖民地的特定文化和人群的他者化(othering)贡献良多。一个具体的例子就是马林诺夫斯基在太平洋特罗布里恩群岛的人群志,其中一部广被征引的著作题为"美拉尼西亚西北部野蛮人的性生活"(*The Sexual Life of Savages in North-Western Melanesia*, 1929),这样的标题在当今后殖民时代几乎是难以想象的。

在北美,20 世纪初,人类学兴趣某种程度而言更偏国内。与聚焦于遥远的"他者"文化和社会相反,北美的学者发展了社会-文化人类学路径以研究(某种程度上是重构)"土著"(native)美国人的文化生活。诸如由德国物理学家转变为美国人类学家的弗朗兹·博厄斯(Franz Boas)这样的学者,对文化和语言方面的人类学兴趣的发展曾有特殊影响。博厄斯对当时演化路径的文化研究(实际上还有生物-科学种族主义)不屑一顾,明确阐述了对作为社会学习结果的社会和社会群体间差异(亦即这些差异是文化差异而不是生物差异)更细致入微的理解。这样一来,博厄斯就提出了重要的人类学思想——**文化相对论**(cultural relativism),该思想可能被有效地描述成既是一种规则又是一种意愿,为了理解来自一个文化**内部**的社会结构、信仰体系和诸多实践而悬置自己的文化假设。经由其自身文化参照框架,文化相对论为研究和寻求如其所是地去理解一种文化提供架构。博厄斯帮助形塑了美国和全世界的文化人类学,并同他的许多学生,诸如玛格丽特·米德(Margaret Mead)和露丝·本尼迪克特(Ruth Benedict)一道,在 20 世纪持续地影响了这门学科。

尽管横跨大西洋两岸的社会人类学和文化人类学的传统的形成是有差异的,涉及研究地点和观察社会视角这两者的选择,但也有相当多实践的相似性。随着研究者的浸没被树立成人群志研究者的应然志向,这些人群志的早期开创者们倡导要长期参与所研究的社会和文化。也就是说,人们认识到在一定情境中的田野调查是理解那个情境的日常实践的一种手段。人群志研究不一定需要可能超过几个月或几年的长期参与,也不一定需要研究者全面参与和浸没在其所在的文化中。正是从特定情境参与者的视角出发去理解特定情境的想法,以及通过在特定情境的实地参与来践行此种想法,为当代人群志路径提供了有力的支撑。

给人群志带来广泛的社会学关注,并在更庸常的研究情境中利用人类学的敏感性,这些经常被归功于芝加哥大学社会学派。芝加哥学派创立于 1892 年,是第一个专门的大学社会学系,负责在经验和方法论上帮助形塑社会科学。20 世纪二三十年代的芝加哥学派以都市社会学为重点,利用芝加哥及其周边地区的人群志研究,建立了关于都市的理论。芝加哥的学者鼓励他们的学生获取城市不同地区社会生活的一手经验。为此,他们采用包括参与式观察在内的参与式田野调查的理念,去研究当代都市的城市景观。欧内斯特·伯吉斯(Ernest Burgess)和 W. I. 托马斯(W. I. Thomas)的同道——记者罗伯特·帕克(Robert Park)是芝加哥学派发展的关键人物,他对新闻调查的早期诠释,依赖于各种人群志方法——倾听、体验、提问和对社会生活的一手观察。这就带来了人类学人群志方法之"家乡"(home),即用参与式观察法研究家门口熟悉和日常的情境,而不是早期社会与文化人类学家所青睐的"异域"(exotic)和"差异"(different)。

通过密集而多样的经验性的和人群志式的探究,帕克及其同事使都市研究得以转型。第二次世界大战后，这种影响持续下来了，学生们在诸如埃弗里特·休斯(Everett Hughes)和赫伯特·布鲁默(Herbert Blumer)等学者的指导下，学习并实践阐释社会学和人群志方法。这一"第二个"芝加哥学派对形塑战后美国社会学产生了关键影响，实际上也使该学科更普遍化了(Fine, 1995)。芝加哥学派的路径被认为影响了社会学家研究和理解社会制度的方式。这种影响是广泛的，包括诸如健康照料和教育，以及更为广泛的组织研究领域。这也为在中期更广泛地采用基于或源于人群志的质性研究方法铺平了道路。这种影响不仅与探究方法有关，而且与社会学理论和方法论有关。芝加哥学派在**象征互动论**(symbolic interactionism)的理论视角和框架的发展中起到了关键作用。象征互动论利用了乔治·赫伯特·米德(George Herbert Mead)的哲学著作，聚焦于通过社会互动产生和维持的共享意义。尽管不完全如此，但象征互动论特别与人群志和质性研究方法相关联，强调意义和过程，以及"行为、客体和具有不断演变并相互交织的地方认同的人群，而这些地方认同可能不是一开始就显示出的或对局外人而言是明了的"(Rock, 2001, p.29)。下一部分将进一步探讨人群志的理论框架和方法论框架。

人群志的方法论脉络

人群志研究现在运用于众多学科的广泛领域中，因此它利用了丰富的理论框架和方法论框架。值得注意的是，人群志适用于各种各样的理论立场，并且受到各种各样的理论立场的影响。人群志不可化约为一种将社会世界理论化的单一路径。实际上，为理解社会生活，人群志已经被一系列的方法论路径所采用或形塑。众所周知，人群志处于理论光谱的归纳这一端，其价值在于它能以归纳的方式透过密集且翔实的关注去研究"自然"状态下的社会世界。早期采用人类学人群志的学者从触手可及的特定情境、文化和共同体入手，开始通过密集的研究和参与式介入来了解和理解这种情境。他们至少没有明确地从检验假设、证实或修正理论的立场出发。不过,早期的人群志实践者越来越多地受到社会世界是有秩序和有功能的观点的影响,以及社会是经由组织或通过社会制度实现的这一理解的影响。这种功能-结构视角关注社会制度支持日常社会运作的角色(事实上,这反过来又导致人们特别关注家庭和亲属关系作为一种既特殊又普遍的社会制度的角色)。对结构和功能的关注令研究者把人群志视作经验项目的追求,在项目中,社会行动、行为和信念被发掘出来作为"客观的"和未被只是中立观察者的研究者污染的社会"事实"以供收集。这种模型的内在本质是对自然主义视角不加批判的采用。也就是说,这是一种对社会世界的研究可以而且应该在自然状态下进行的看法,其主要目的是描述实际和自然发生的事情,继而得出一个自然的结论,即如果我们想要理解我们所描述的是什么,那么我们需要一种路径来接近行为和行为模式。因此,持续的介入提供了观察和学习的机会,以与社会行动者自身一样的方式来理解社会世界的秩序和运作。

受芝加哥社会学派的影响,象征互动论很少关注制度和模式的发掘,更多关注通过社会互动使人类活动具有社会意义的诸多方式。因此,作为社会行动者的人们是在不断阐释、修正和重塑的社会世界中活跃和互动的主体。这是种更为动态和动人的社会生活观,它带来了一个假设:自我是社会构建的,并通过行动和互动来"造就"。就人群志而言,象征互动论优先关注意义和象征;与其说很少关注行为和客体,还不如说关注它们如何如其所是,以及如何被赋予社会和象征意义。人们还对社会行动者如何在日常实践中学习和阐释这些意义感兴趣。这些意义是通过对象征的探索来揭示的,在这些象征中,意义被编码并在互动过程中共享。互动论人群志并不"事先预设太多"(Rock,2001,p.29);相反,为了获得对社会行动者如何在社会世界中行动并理解社会世界的理解,研究者通过人群志田野调查寻求确认象征和意义。此类人群志工作假定沉浸在社会世界中,以便从行动者自身的视角理解这个世界。互动论是社会学的主要视角(或视角集合)之一。互动论有多种版本,就人群志而言,与欧文·戈夫曼(Erving Goffman,1959,

1963，1967，1969）相关的互动论尤具影响力。戈夫曼本人并没有明确自称互动论者（Fine and Manning，2003），然而，通过积极的印象管理——自我呈现，他的目的性自我构建的著述强调了人们描述其行动以及如何"表现"（perform）自我的方式。戈夫曼将其比作表演和戏剧；这种拟剧论路径关注的是社会行动者在不同情况下如何有目的地行动，以及他们如何根据意义来理解这些行动。表演性（performativity）仍然是当代人群志的一个关键概念。

象征互动论对人群志的影响最为明显，这与我们将人群志本身描述为互动过程的方式有关。我们"做"人群志；做人群志本身就是一种行动——依赖并通过人群志学者、研究领域和该领域社会行动者之间的互动来构建。这里的重点是参与——研究者是情境中的参与者，以便揭示和理解意义。关于人群志学者能够和应该在多大程度上参与到所研究的领域中，存在着相当大的争论（Adler and Adler，1994）。这通常被看成是一个连续统，一端是"完全参与者"，另一端是"完全观察者"（关于研究者在人群志中角色的更多讨论，参见第 5 章）。就此处我们的目的而言，值得一提的是，互动论使研究者参与这一领域的重要性、影响以及互动对人群志过程本身的意义变得显而易见。

人群志受到了**常人方法学**（ethnomethodology）理论工作的影响，反过来也影响了常人方法学的理论工作（Pollner and Emerson，2001）。常人方法学者特别关注在微观层面上理解社会生活，并通过对互动深入细致的研究来揭示意义。人群志路径也被用来密切关注微观层面的社会生活。常人方法学和人群志都属于阐释社会科学的范畴，都涉及在特定情境中理解社会行动者的生活世界。虽然这两种视角有不同的追随者，也并不总是一致，但它们却"一起变老……曾经清晰的界限变得模糊"（Pollner and Emerson，2001，p.118）。与人群志一样，常人方法学对包括社会学和话语心理学在内的众多学科有吸引力，它特别关注通过互动来构建和维持现实和社会秩序的方式。常人方法学者对包括口语和会话以及声音、姿势和肢体语言在内的语言特别感兴趣。人们感兴趣的是语言的序列，以及空间和时间的脉络；因此学者还感兴趣的是，社会行动者如何**共同**构建和维持社会秩序，以及有时也以有别和微妙的方式改变这种秩序。因此，从人群志视角看，存在一种从关注文化或社会本身转向关注维持互动现实的技术的共鸣和转换；人们如何使用和识别社会暗示，人们所说的话和未说的话，互惠关系如何形塑和加强，人们所用的曾经令彼此相信社会和共同秩序感的方法。为了收集可能会被看成是自然发生的互动资料，例如会话和其他语言际遇，常人方法学者使用并发展了人群志路径(Silverman，2011)。对这些际遇的分析有助于发现技术，社会行动者通过这些技术发展和实现共同理解，相信彼此身处其中的社会。关于常人方法学和人群志持续存在的同和异有着大量争议(Atkinson，1988)，在承认的脉络中两者间的对话有人群志价值，拓展了对"深度、局限和自身实践的复杂性，以及个人和群体构成其实质关注"的理解(Pollner and Emerson，2001，p.131)。

女性主义人群志

与更普遍的质性研究一样，人群志也受到女性主义学术和研究实践的形塑，并有助于界定女性主义学术和研究实践。女性主义与人群志的对话可以被更广泛地置于女性主义对社会科学和社会研究的批判之中。人们在社会性别的意识形态使研究的社会关系结构化的方式上存在着具有微妙差别的理解，对知识的社会性别实质也有着大量的哲学争论(Harding，1987；Ramazanoglu and Holland，2002)。女性主义理论家批判了一些已经确立起来并巩固着社会科学探究的假设，号召质疑潜在的认知二分法——例如客观/主观和理性/感性——以及重新定位和重新申述知识是扎根的、地方的、部分的和暂时的。这些洞见引导出女性主义研究议程和女性主义社会研究的重铸——知识生产的条件得到批判性的承认和解释，权力问题在研究过程中得到承认、与研究产出相关以及**知识论**(epistemology)和本体论居于中心(Letherby，2003)。正如斯坦利所雄辩地描述的，"女性主义不仅是一种视角、一种观看方式，甚至也不仅是再增加一种知识论、一种求知方式，而且还是一种本体论、一种在世界中存在的方式"(Stanley，1990，p.14)。

现在人们普遍认为,女性主义研究方法可以包括各种各样的路径,既可以是量化的也可以是质性的;正如莱瑟比(Letherby，2003)指出的那样,女性主义者既能算数,也能引用。当然,并不是说某些方法比其他方法更具女性主义本质,女性主义学者已经应用各种路径进行经验研究和知识创造。在这种普遍性的脉络中,女权主义研究者使用和发展了人群志路径来揭示妇女的立场(Farrell，1992；Langellier and Hall，1989),并在文本制作过程中或通过文本制作,就女权主义人群志的再现进行了辩论(Behar and Gordon，1995；Clough，1992)。例如,女性主义人类学家参与了一个知识论和方法论项目,旨在建立一种独特的女性主义人群志(参见 Jennaway，1990；Schrock，2013；Walter，1995)。阿布-卢高德(Abu-Lughod，1990)提出了一个问题,即是否可以有一种女性主义人群志,如果可以,它可能是什么样子的。这包括关注女性主义人群志如何能探索女性主义与**反身性**(reflexivity)之间的关系、质疑客观性与主观性之间的区别,以及考虑在书写中的和针对书写的权力。阿布-卢高德谈到了"作为自学他者的学科,边界的开放是其认同的核心"(Abu-Lughod，1990，p.26)。詹纳韦同样认为,人群志中的后现代话语是从女性主义者的关注和表达中借来并产生的,包括走向文本制作的平等关系、更多的对话和合作方式,以及"远离使人群志他者客观化和沉默的再现系统"(Jennaway，1990，p.171)。施罗克(Schrock，2013)反思了当代女性主义人群志方法论的必要性,指出了再现(其利与弊)的重要性和对研究者所处理和研究的共同体之伦理责任的重要性。

后现代主义

社会科学中的后现代转向为当代人群志提供了一个方法论背景,以多种方式影响着方法论和实践(Fontana and McGinnis，2003)。简而言之,**后现代主义**代表了对客观现实和科学的拒绝,赞成对社会世界更为复杂的、微妙的、多层次的理解。后现代主义,可以被看作受包括女性主义和后殖民主义、批判理论、批判种族理论和酷儿理论等在内的多种理论和方法论路径影响,并影响着这些理论和方法论路径的一场运动,它承认并颂扬视角的多样性。后现代理解和理论化的路径重视理解脉络对于理解行为和意义的重要性。此外,后现代路径提出了有关社会研究和知识生产中的权力和权威的重要问题。后现代主义带来了对霸权的批判性质疑,以及一种固有信念,即提供"发出声音"(give voice)的机会。人们也认识到社会世界是复合的、分层的和多声部的,有许多声音可以被听到;而且社会世界是对话性的,是由带来不同历史、传记和经历的社会行动者所构建的。因此,社会世界之基本表达是社会性地构建的和再现的,自我在社会和文化脉络中并通过社会和文化脉络得以定位和重新定位。所以,关于后现代人群志,重点是探索和认识社会世界构建的和生活所处的脉络,以及为记录社会世界提供更加精细的工具,并考虑存在和必须听到的多种声音。后现代人群志路径特别强调人群志制品,以及再现和报道社会资料的另类方法,以便更好地让研究情境中的社会行动者发声及与社会行动者合作,而不是将其作为研究对象。通过这样做,后现代人群志学者也提出了关于我们研究际遇中的权力和权威,以及有关学术性人群志专著的权威性文本的问题。

原理与实践

人群志的产生和发展有多种视角和理论立场。尽管如此,当认识到人群志可以吸纳资料收集、分析和再现的多种方法时,大多数人群志学者都会赞同许多原理和实践。这些原理和实践部分与人群志学者将问题概念化的方式有关,但也侧重于指导研究工作的基础理论和方法论框架。

这些人群志原理的第一条是理解脉络在寻求理解文化或社会情境

中的重要性。社会行动者、事件、行动和互动必须根据其所处的文化脉络来看待和理解。这包括关注地方境况和某个情境的历史、空间、时间和组织框架，以及在该情境中所过的社会生活。因此，这是一种认识，即对情境的记述必须脉络化，脉络化与该情境的整体相关联。这一承诺意味着不要过早地预设什么或谁是重要的，而是努力发展对事情在什么脉络中和通过什么脉络来做出和言说的更好的理解。这种更宽广的看法意味着，特定的人、行动、事件和互动的意义可能只有在回顾时才会变得清晰。这也绝对明显地意味着，作为社会研究者或人群志学者，我们永远不可能对一个情境做出完整或详尽的记述或分析。相反，通过理解情境的复杂性，人群志学者能够在观察和分析中有选择性，以便制作融贯的叙述。这些叙述总是片面的，应该予以承认。这种对整体论的承诺——置特定事物于更广脉络中，同时也承认几乎或实际上永远不可能获得完整图景——是人群志事业的核心。

关注过程也是人群志研究的标志。在人群志脉络中，过程意味着两个不同但却关联的东西。第一，它利用了互动论的传统，强调社会生活本身是流动和变化的，是一个过程，而不是固定和封闭的实体。因此，社会生活是从行动和互动中涌现出来的。人群志学者感兴趣的是，为了赋予社会生活秩序和意义，互动过程是被如何展开和理解的。人群志学者探索互动产生意义的模式、结构和惯例。第二，人群志对过程的承诺与研究过程本身有关，始终密切且反身性地关注研究发生的方式，以及研究者进入研究地点、建立亲和与信任、形塑研究焦点与成果的路径。

大多数人群志通常也是基于"田野"的，在研究情境中/与研究情境一同就地开展，并由研究者亲自实施。这是对脉络的再次承诺，也是对参与者体验的承诺。人群志资料收集的主要工具是研究者，他/她以各种方式进行观察、倾听、询问、互动和记录。这也意味着代表研究者对研究情境和人们的承诺的，通常是某种长期和/或深入的介入。这可以是真正的、适当的长期介入，有时长达数年或数十年，但它也可以是几周或几个小时的事情。这里重要的是介入的质量，而不是关注所花费的时间。

从事人群志研究也承认社会生活的对话性和互动性。人群志学者承诺发掘和记录社会行动者的视角和理解。人们意识到社会实在是复杂多样的，也可能是竞争性的，并且可能有多种视角和许多声音。人们承认并接受社会行动者本身就是他们自身社会和文化世界知识渊博和技能娴熟的人。他们是这里的专家，研究者的作用是确认并试图获取那些高度发达的知识和技能。

人群志研究路径也试图使言说和做事都有意义。除了关注社会情境中的行动和活动之外，还要领悟社会行动者可能用与实际发生的情况有所不同的方式解释他们的行动。在这里，人们如何做一套说一套并不是一个肤浅的问题。我们也不是在找出人们所做的事情与他们说他们所做的事情之间的矛盾之处。相反，认真对待人群志工作提供了一种调查和理解人们如何理解他们所做的事情以及他们如何做他们所做的事情的方法。而且，通过关注言说和做事，人群志学者能够探索行动和意义。

最后，人群志不仅是一种看或听的方式，也是一种讲的方式。人群志包含再现和再现社会生活的承诺和必要。书写——制作"人群志"——是人群志事务的核心部分，而不是在研究事件之后简单发生的事情。书写是研究过程的一部分，与研究活动的其他方面一样需要反身性意识(reflexive attention)。传统上，"人群志"已被概念化为学术性的叙事专著，在人群志中或通过人群志，人群志学者通常用叙事散文的文学套路来讲述研究情境的故事。无论如何，人群志学者可以通过多种方式再现田野并讲述研究情境的故事。因此，这一原理可以扩展到更广泛的人群志制作领域，人群志学者要根据一系列惯例和文体，包括文学、艺术、电影和表演，对其研究提供再现性和反身性的叙述。

本章要点

● 人群志是通过研究者的介入和参与来理解社会世界的。

● 人群志是一个用来描述研究过程和研究成果的术语。

● 现代人群志产生于19世纪末和20世纪初的社会与文化人类学实践；用于研究小型"传统"社会。

● 现在，来自多个学科和研究领域的研究者都使用人群志方法来调查多种多样的情境。

● 人群志受到一系列的理论和方法论视角的影响，并影响了这些视角，包括女性主义、常人方法学、社会互动论和后现代主义。

● 人群志研究实践的主要原理包括：

　　○ 理解脉络在研究社会情境和社会生活中的重要性；

　　○ 关注社会生活中和研究中的过程；

　　○ 研究者介入和参与到研究情境中；

　　○ 认识社会生活对话性和互动性的实质；

　　○ 对书写和再现的承诺。

拓展阅读

Atkinson, P. and Hammersley, M. (2007) *Ethnography：Principles in Practice*, 3rd ed. London：Routledge.

Gobo, G. (2008) *Doing Ethnography*. London：Sage.

O'Reilly, K. (2008) *Key Concepts in Ethnography*. London：Sage.

2 人群志与研究设计

主要内容

　　设计人群志项目
　　确定适宜的主题和问题
　　研究的田野与提出研究问题
　　资料生成的方法
　　分析与反思

学习目标

　　阅读本章后,你将:

　　● 对那些可能特别适合人群志路径的研究主题、问题和情境的种类有所理解;

　　● 能够确定在人群志研究中能用于资料生成的一些方法;

　　● 理解人群志的研究过程,包括资料收集和资料分析之间的关系。

设计人群志项目

　　规划一项人群志研究项目既令人兴奋又富有挑战,恰是因为其在研究设计上没有严格的限制和套路化的方法。人群志依赖于对一个情境、一个共同体或一群社会行动者密切且细致的介入,并基于这种理解,即我们通过在"一起/其中"(with/in)来学习"有关的东西"(about)。

因此,人群志研究项目的一个重要方面就是"入乡随俗"(getting on with it)——以促进参与和理解的方式快速进入情境。这可能包括观察、倾听、提问,以及收集任何你能得到的信息——包括档案、照片和其他来自或关于某个情境的材料。至少在某种程度上,当前的人群志田野调查路径受到人群志研究所立足的理论基础的激励和支持——聚焦于理论构建的归纳路径;基于实际并用开放的心态去"自下而上"(bottom up)地生成想法和分析。还有什么比快速地进行田野调查更好的方法来实现这一目标呢? 这种及时的方法有其优点,当然不会为了不必要地拖延早期资料收集而宁愿选择冗长的案头准备时间。人群志研究常常得益于尽早介入以及与研究领域的对话。但是,认为人群志中没有准备或研究设计是错误的。像在所有社会科学中一样,在人群志研究中也要做出选择,也要深思熟虑地提出和解决研究设计的问题(Flick,2018a)。尽管重要的是不要预定田野调查的结果或经验,也不要过分规范(在方法上,我们应该时刻准备好出其不意和灵活应变),但准备工作仍是成功的人群志项目的关键。

人群志研究设计有许多方面需要仔细考虑,至少需要一定程度的规划。其中包括确定初步研究的"问题"、探索和调查的问题或主题,以及确定资料收集和分析策略,以便提出、发展和完善这些想法。还必须确定研究情境和/或参与者,这本身可能涉及初步研究和田野调查。人群志学者在生成资料、管理资料和进行分析方面有实实在在的选择,尤其是因为人群志涉及并包括各种路径。同样,人群志研究也可以通过一系列方式来书写、呈现和报道。人群志研究及其全部方法,也特别适合与其他互补路径结合使用,从而为深思熟虑的研究设计提出更多议题。

确定适宜的主题和问题

人群志最适合于主题的探索和发现,而不是因果关系或狭窄的政策评估问题。人群志研究提供了获得理解或探索意义的机制，而不是测试变量或确定原因。因此，适合人群志讨论的主题和问题是那些处理过程和实践的，例如：事情是如何如其所是地发生的？日常活动是如何组织的？人们是如何感知和理解他们的日常工作和生活的？诸如此类的问题可能是帮助确定探索主题的有用起点。这些问题与为获得对情境、共同体、群体和文化分层叠置的理解而产生的智力上的好奇心有关。它们可能还会伴有在此类情境中对何者为重要的这一问题的疑问或关注，例如：人们在日常生活或工作中认为什么是重要的？人们使用什么策略来觉察和理解其经验？人们使用什么范畴和工具来对行为和事件进行排序、理解和解释？**制度人群志**（institutional ethnography），即此类问题非常适合的组织人群志，有着长久而卓越的传统。但是人群志研究不必局限于制度情境，尽管它们是或可能是重要且有趣的。因此，除了可以对学校、医院、商业场所和监狱等机构进行详细探索的主题和问题之外，关于"什么"和"如何"的好奇心同样适用于出租车司机、家庭生活、游泳运动员、青少年帮派或福利活动家。这里的一个关键点是，当问题集中在探索和发现上，以及从居住在这些空间的人们的角度理解情境时，人群志研究是一个恰当的选择。或者反过来说，人群志研究本身可以用来确定和定义一个研究"问题"，即一个有助于理解和意义构建的进一步探索的焦点。人群志研究也非常适于理解和记录过程。这就说明了社会情境是动态变化的，有着流动的边界和多重的视角。有一种观点认为，人群志最适合研究"自然发生"的情境、事件和际遇——它们只是被观察和理解的"那里"（there）。的确，人群志并不打算去"创造"（create）理解生活和文化的人工实验室条件；无论如何，人们认识到日常生活和情境本身并不是特别"自然发生的"，而是通过社会和文化的边界和互动来形塑和维持的。

研究问题有助于形成一种结构，我们可以通过它去寻求理解人群志研究中的过程、实践、组织、情境和生活。本着发现的精神，这些问题应该是开放的而不是封闭的，伴随着各种可能性，而不是关注狭隘且明确的答案。人群志研究确实是也应该是以构想和问题为起点的，我们不会带着空洞的头脑而是带着开放的头脑进入情境。人群志研究的开放性允许细化、更新要研究的主题和要探索的问题。在马林诺夫斯基（Malinowski，1922）之后的"预兆性问题"（foreshadowed problem）在这里是一个有用的概念。预兆性问题不是要解决或处理的问题，相反，它是一种描述"研究问题"（即有待探索、调查或更好理解的主题）的方式。预兆性问题可以从多种来源，例如，从情境和现象中的个人兴趣，从理论工作和比较项目，从看起来有趣、不寻常或无法解释的事物，从偶然的际遇和偶然的经历来确定。这些预兆性问题有助于我们聚焦和发展出可供初步探索的一套开放性的、反思性的领域——这在设计人群志项目时是重要的。有一个用开放性和反思性的探究路线来引导初步的观察、倾听和提问的焦点，将产生一个有目的和有意义的项目。预兆性问题可以用来为人群志学者的探索提出指导性问题，它们也必须用这种方式加以确定，为可能的惊喜或意外际遇保留余地。

研究的田野与提出研究问题

所有的研究都是从一个有待探索和研究的问题或议题开始的。尽管人群志研究利用的是对通过系统收集和分析资料来发展方法和理论的理解，但在开始真正的研究之前先提出问题仍是可能的，而且确实是可取的。这可以通过介入现有的关于情境或类似情境的资料或知识来实现，与此同时可探讨关于可能对进入情境有用的概念和现象的相关或有关文献，或为了生成"如何"和"什么"问题，从对情境或现象的"已知事实"（known facts）或"假设理解"（assumed understandings）着手。预兆性问题、所要探索的议题或问题可以为研究者提供一种进入情境的实用方法，从中可以产生关于如何探索和描述情境的想法。

在人群志研究中，通常将调查的情境称为"田野"，将资料收集称为田野调查。研究的田野可以是一个物理位置或制度情境，也可以是一个社会或文化空间——一个在其中或通过其开展研究的地点，一个诸如医院、学校、夜总会的特定组织，或一个诸如公园、火车站或海滩的公共空间。这里的田野调查指的是沉浸在这种情境中的行动,"做"人群志是一种实践行动。然而,人群志研究可以用更广泛的术语来表述,而且可以在不沉浸于某一研究的田野的情况下进行卓越的人群志研究——例如,将人群志原理应用于可能包括与社会行动者进行一系列会话和接触的研究活动上。在这里,这个田野可能是社会行动者的发源地,并通过他们成为探索的场所——例如,为了了解助产实践,与助产士进行了一系列的人群志会话,或者在学校的教师休息室里倾听教师的话语,与教师交谈,以便了解教师学校内外的生活和自我。

当确定了一个研究的田野时,预田野调查实践或初步田野调查有助于提出研究问题和可能的调查路线。因此,例如,对情境进行一些初步的范围界定研究通常是可能的,也是有益的。在情境中或针对情境收集档案(参见 Rapley,2018)可以为深入情境的档案事实提供洞见,提供一种或事实上通常是多重"观看"(seeing)和"解读"(reading)情境的方式。非正式会话和讨论,包括探索进入的机会,可能与最初的访问、初步的观察或情境的视觉图像或声音的收集一样是可能的。这类活动实际上标志着研究的开始,但可以有效概念化为一个起始或初步阶段,使要发展的研究设计更加细致和聚焦,有可能扩大一系列调查路线的范围。

研究的田野和研究问题也可以根据我们自己的兴趣和经验来发展,而且具有合法性。情境可能在个人经验中或通过个人经验很好地呈现其自身。例如,教师有着丰富的人群志传统,利用了他们从事学校人群志的经验(关于教育情境中人群志研究的概述,参见 Gordon et al.,2001);同样,一些社会学家利用他们在疾病和健康照料中的经验,对医疗际遇和身体进行了人群志分析和洞察(参见 Beynon,1987;Delamont,1987;Horlick-Jones,2011)。这里重要的是,这些个人经验提供了去人群志式地、反身性地介入研究的田野中的刺激。它们为询问有关经验和过程的实质提供了一种方法和一些重要的锚点。事实上,所有的人群志研究都建立在个人经验的基础上;做人群志的本质就是要求研究者在"那里"(there),并通过个人介入田野,逐步聚焦探究,以便发展丰富的描述和理解所研究的田野。因此,我们个人的兴趣和洞见至少在某种程度上始终指导着我们的田野调查实践，无论是激发对一个主题或研究的田野的最初兴趣，还是通过我们的个人反思和经验，使田野调查变得精准和翔实。人群志研究者在形塑和提出问题，以及提供批判性反思方面所扮演的角色是至关重要的。这并不是假设一个个人化的、自恋的或内向的研究议程。虽然个人是人群志项目的固有因素，但重要的是承认和质疑我们自己的主观性和立场性，利用我们的个人兴趣和问题，但并不局限于此。

资料生成的方法

在人群志中，有一系列方法来生成资料。因此，人群志研究设计包括选择资料类型和生成这些资料的方式。在这里，"生成"一词是有目的地使用的，"资料收集"一词意味着有资料可收集；资料已经"出炉"（out there），成熟且准备被获取。资料收集听上去像是一个相当被动的过程，伴随着一个中立的研究者作为资料收集器穿过了田野。这对人群志的过程和实践、人群志研究者的角色以及事实上的社会生活的复杂性都是一种伤害。资料可能会告诉我们一些关于社会世界的东西，并使我们能够发展对社会行动者的生活世界的理解，这需要研究者更积极地介入。资料并不是就在"那里"，已经存在，仅仅是被收集、组织和存储；相反，人群志资料是通过与社会情境和/或社会行动者的各种互动生成的，是通过我们的研究实践精心制作的。实际上，人群志资料都是以这种或那种方式在研究者、田野中的人们与田野本身之间形成的共同成果。资料是制作出来的，而不是捕获到的。

许多人群志的资料生成的起点是参与式观察。此处，研究者或多或少会成为情境的参与者，以便观察和记录正在发生的事情。在这种情况下，资料通常采取田野笔记的形式，在可能的情况下在观察期间就地制作，并在田野调查后加以扩充和发展。然后这些资料是简单和详细的笔记，是对田野中所发生的事情的再次呈现（re-presentation）。参与式观察通常被视为人群志资料收集的金标准（参见 Atkinson and Coffey，2002），并且最清楚地体现了具身化和关键性的人群志研究原则和人群志精神——在那里，体验、观看、聆听和感受，以便理解和搞懂。在人群志中，研究者在不同程度上可能或希望参与某一情境（关于研究者角色从参与者到观察者的经典类型，参见 Gold，1958；另见本书第 5 章）。

参与式观察可以生成丰富的、分层的资料，但也需要很长的时间投入——有时长达数周、数月、数年甚至数十年（参见 Fowler and Hardesty，1994；Okely and Callaway，1992）。这可能会影响可能或可以做出的研究设计决策。时间是要牢记的一个重要因素。在何种程度上可以成功地协商进行参与式观察，以及在何种程度上进行观察型的田野调查可能是容易的还是困难的，也是要牢记的重要因素。例如，在某些情况下，在特定情境中成为参与式观察者可能是危险的、有风险的或不可能的。但是，这里值得一提的是，在那些最初可能被认为难以进入、危险的或有风险的情境中，却有着人群志参与观察式田野调查的长久传统（参见 Nilan，2002；Tewksbury，2009）。

人群志学者资料生成工具包排除、增加或取代了参与式观察之后，还有一系列其他的有效方法。**人群志访谈**（ethnographic interview）——有目的的会话（Burgess，1984；参见 Brinkmann and Kvale，2018）——是一种被广泛应用的方法，既利用社会科学的叙事转向，又被置于社会科学的叙事转向中（Czarniawska，2004）。人群志访谈建立在人类学田野调查路径基础上——作为参与式观察的一部分，社会参与者在其日常体验的脉络中提出问题。不过，访谈也可以作为参与式观察法的替代方法。研究可以是人群志的，以及可以通过一系列扩展的作为会话的访谈进行，并按这样的方式规划，手动或数字地记录。电影在人群志研究中也有着长久的历史，从 20 世纪初叶到中期的纪实风格人类学电影，到过去几十年的一场范围更广的视觉革命，在这场革命中，移动和数字媒介服务于提升和扩展人群志研究者生成资料以供分析的全部技能。人群志研究设计可以包括规划生成由研究者制作的静止和移动图像，支持参与者创建自己的图像，以及收集参与者或其他人已经创建的情境的图像（此类视觉资料可以包括照片和电影，也可以包括地图、图片、数字媒介和其他艺术形式）。这些方法为以不同方式生成有关社会世界的资料提供了机会。这里值得一提的是,数字技术也使得捕捉情境的声音变得更加容易。声音景观可以增加对社会生活进一步的感官探索;噪音和声音是我们体验和进行日常生活的非常相关的方式(Hall et al.,2008)。在人群志研究中,数字时代也为资料生成带来了新的机会。包括了网站、电子邮件通信、移动电话技术、地理和地图应用程序以及社交媒介的数字景观意味着,现在有各种各样的方式来数字化地体验社会情境和社会生活,研究者可以通过这些方式介入研究情境。学者可以通过参与和介入这些媒介技术来收集人群志资料。这包括了例如对虚拟世界的参与式观察、移动和虚拟访谈以及对数字人工制品和社会生活档案的分析(Hine,2000;Kozinets,2009)。

收集和生成数字资料是一种重要的方式,在其中我们可以探索我们所寻求理解的社会情境的档案事实。无论档案是数字的还是其他形式的,都是人群志资料的重要组成部分,在人群志研究设计中应该被认真考虑。早期的人群志研究利用了人类学的传统,往往是在无文字社会进行的;虽然这些社会不依赖书面文本,但它们的日常生活仍然通过绘画、艺术作品和物质手工制品记录下来;在当代社会中,各种类型的档案都可以而且确实起着重要作用,并且可以用作我们寻求理解情境或组织是如何运作和组织的,以及生活是如何过的部分方式(Plummer,2001)。正如梅伊指出的那样,"作为社会实践沉淀的档案解读",同时也"构成了对社会事件的特殊解读"(May,2001,p.176)。人群志学者并不总是认识到研究和生成作为资料的档案和文本的潜力。在人群志研究设计中,考虑档案作为资料的潜力和可能性是有用的,不仅可以为情境提供背景,还可以作为理解社会实践的方式。

关于研究设计,人群志中的资料生成过程能够以两种方式开展。这些路径并不相互排斥。人群志项目可以用明确预测和规划的资料生成的方式来设计。例如,一个研究项目可以从一开始就规划对一些**关键知情人**进行人群志访谈,或者明确打算制作一系列合拍照片,或者有清晰的参与规划,在对研究地点进行访问讨论期间恰当地示意。同样,可以更广泛地启动一项人群志研究,也许仅仅是一项访问某个情境和进行某种程度的参与式观察的一般规划,并且如果有机会或感觉到有需要,对使用补充方法的可能性持开放态度。所以,例如,通过参与到某个情境的日常生活中,很明显,一种情境的声音似乎提供了特别令人回味的理解和搞懂情境的方式,因此,声音景观可能会成为该项目资料收集方法的一部分。或者通过在田野的持续介入,可能有机会收集或制作一个情境的照片记录;或者开始时似乎显得相关或重要的,是用更正式的和安排好的人群志访谈来补充观察和非正式会话。人群志资料收集始终是,至少部分地是一个反复的过程,而且就该如此。将人群志研究设计视作循环而非线性的过程会很有帮助,在此过程中,资料收集策略和我们对资料的分析意图以及我们在田野调查中所生成的想法是交织在一起的(参见 Flick,2018a)。

分析与反思

在理想情况下,分析策略应被视为研究设计过程的一部分。资料分析不应被视为人群志研究的一个独特阶段,与资料收集或理论化过程相分离。相反,分析对人群志研究尝试,即有助于了解资料收集并推动进一步田野调查的反身性活动来说是不可或缺的。分析当然不是在资料收集结束后进行的人群志研究过程的最后一个方面。相反,分析是研究设计的一部分,实际上可以在资料收集之前、期间和之后进行。在田野调查和资料收集之前,可能会对现有的材料、档案等进行初步分析,这将有助于形成想法和预兆性问题。在田野调查期间,应设立一个阅读资料和了解这些资料的时间段。即时分析有助于形塑持续进行的田野调查,使研究者能够逐渐聚焦于人群志凝视,并鼓励人群志将反身性路径作为一个整体性的研究过程。因此,在人群志中,资料收集与资料分析之间应该是一种流动的、动态的关系。

简单地说,分析是关于研究情境的想法(参见 Gibbs,2018)。具体到研究设计,需要对为了进行资料分析而选择的策略做出选择;需要一些允许且能够系统性地、创造性地密集阅读资料的技术。项目开始时确定资料分析的策略是可能的,而且实际上在人群志项目期间就如何管理资料至少心中有数是明智的。作为研究设计的一部分,可能被问到的有关分析的问题包括:如何记录和组织资料?如何存储作为项目一部分而生成的资料?项目期间如何对资料进行分类和检索?资料将采用哪个或哪些形式?分析有什么选项?什么分析策略对访谈资料最有效?田野笔记?视觉资料?计算机软件如何支持资料分析?使用技术支持分析的机会和限制是什么?对特定分析策略的偏好可能会驱动生成和存储资料的方式。例如,如果偏好是进行**叙述分析**(narrative analysis),通过关注叙事结构和策略(devices)来理解社会情境或组织,那么田野调查同样需要注意收集叙事,可能通过逐字记录"自然发生"的互动,或通过人群志访谈,或通过收集在情境中抑或针对情境已生成的档案。同样,在田野调查过程中可能会涌现分析策略,作为对在田野中已生成资料的回应。例如,在田野调查过程中,可能会有机会生成或以其他方式收集照片资料,会促进支持视觉材料分析的分析策略;或者田野调查可能会揭示一些在研究开始时没有预料到的特殊或专门的词汇,这表明密切关注语言可能会有所帮助,或许包括某种语义分析。

分析人群志项目的资料没有对错之分。无论是关于分析的含义或理解,还是关于可用于管理、存储和处理人群志资料的技术,都有多样性。重要的是,应及早注意资料分析的可能性,并注意分析选择对田野调查、资料模式和资料组织可能具有的必要性。分析主要指的是资料管理和资料处理——包括组织、排序、索引、编码、检索和分类资料等任务。在这个层次上,资料分析依赖于系统化和程序化的技术,最好是在项目开始时就进行。人群志研究中的所有分析都涉及某种对资料的密集和详细的阅读,因此早期关注资料的组织和检索至关重要。应该尽早制定规划,以高效和有效的方式系统地记录和存储资料,以便检索和进行密集工作。实际上,这意味着在研究过程中增加时间来书写或转录资料,上传或以其他方式存储资料,并添加索引或组织工具。而且,这项资料处理工作也是定期和持续地与资料和反思阶段进行互动的一种重要方式,这对形塑持续的和未来的田野调查至关重要。人群志分析也可以指人群志学者有创造性和想象力的工作，以阐释、质询和推测，与资料互动，但也超越资料。对人群志研究设计而言，这意味着对在田野调查过程中创造空间来处理和研究资料是开放的，以确保在研究过程中有时间对从资料中涌现的想法进行开发、测试、阐述和修改。从这个意义上说，分析涉及与资料和想法以及在资料和想法之间持续对话。

本章要点

● 人群志特别适合关注与过程和实践有关的研究主题和问题。

● 在人群志中，进行研究的过程通常被称为田野调查。田野调查包括生成资料的多种方法。

● 参与式观察法是进行人群志研究的主要方法。

● 人群志研究过程是非线性的。研究设计应该认识到资料收集和资料分析不是互不相干的活动。

● 作为人群志研究设计的一部分，资料收集和资料分析的策略可以事先规划。它们也可以在研究过程中出现。

● 在人群志研究中，资料的组织与管理应该被看成是研究设计的一部分。

拓展阅读

Fetterman, D. M.（2009）*Ethnography: Step by Step*, 3rd ed. Thousand Oaks, CA: Sage.

LeCompte, M. D. and Schensul, J. J.（2010）*Designing and Conducting Ethnographic Research*, 2nd ed. Lanham, MD: AltaMira

Press.

Murchison，J.（2010）*Ethnography Essentials：Designing，Conducting and Presenting Your Research*. San Francisco，CA：Jossey Bass.

3 地点、案例与参与者

主要内容

从你所在之处出发

选择田野点

选择案例和知情人

进入——访问田野

学习目标

阅读本章后,你将:

● 了解个人情况、特征和自我意识如何对人群志田野选择施加影响;

● 能够确认在选择人群志研究地点时需要考虑的一系列因素;

● 理解人群志学者在田野点如何抽样和选择参与者;

● 能够描述成功进入田野的关键因素。

从你所在之处出发

选择一个地点或情境开展人群志研究可能取决于广泛的因素,应该花时间来考虑各种可能对你有用的选择。一些考虑会是实用的,而不一定是理智的。例如,从事人群志研究可能是耗费时间的,所以在某些情况下,选择一个离你的工作地点或家很近的地方进行研究可能是更好的选择,在那里,研究更容易融入学习、就业和家务。人群志研究不需要或不规定物理距离以达到智识上的趣味性。将有许多"离家近的"情境为人群志探索提供有前途的地点。介入人群志研究的机会仅仅出现在恰当的地方和恰当的时间,也许是因为与一个组织或一群人的既有关系,或者是通过一个朋友或熟人的个人引荐。由于你自己的个人特征或观点,有一些潜在的研究情境可能难以进行参与式观察。虽然人群志学者的作用是从处于情境中的人们的视角来理解情境和社会世界(在这些情境中,抛开自己观点的能力是很重要的),但在某些文化情境中,所持的观点或所采取的行动与你自己的观点或所采取的行动是如此不一致,因此从事这项研究将是非常困难和让你苦恼的。正如我们已经提到的,人群志确实涉及个人承诺和研究者在田野中的在场。因此,保护我们自己的情感或身体健康必须是我们在田野调查选择中一件需要考虑的事。而且,虽然我们可以在田野调查期间和作为田野调查的一部分控制我们个人的某些方面,例如我们如何说话、穿着和行动,但并不总是能够控制我们身份认同的其他方面,例如我们的种族或年龄。在某些情况下,例如身份认同的某些方面之于情境特别突出的情况下,这样的个人特征可能会使研究变得困难或不可能。因此,在选择人群志研究的地点和对象时,重要的是我们要从"我们所在"(where we are)和"我们所是"(who we are)开始,并认识到人群志研究中最重要的工具是研究者。这并不意味着从一开始就排除"困难"的情境,但它确实需要发展一种针对田野调查选择的自觉路径。我们需要意识到我们个人的自我与田野互动的方式。反身性是人群志研究的一个关键面向,专注于研究者在研究过程和知识生产脉络中的效用。这意味着在研究过程的所有阶段,包括田野调查开始前和田野调查期间,谨慎且持续地考虑研究者在研究情境中的位置。这种自我意识不应限制田野调查的机会或为研究选择研究地点的机会,而是必须为可能的情况提供背景。

选择田野点

在选择在何处和与谁进行人群志研究时需要考虑许多因素(参见 Flick，2018a)。事实上，很少有情境只是为了分析而呈现自身，对于研究者来说总是有挑选和抉择的。在选择田野点时，可能需要考虑的一系列因素包括以下几点。

1. 关注的主题或研究问题：选择田野点的依据是，它们似乎将以清晰和明确的方式，或者实际上是以有趣味或创造性的方式，将会或可能提供机会去探索主题或焦点问题。田野点将会可能以多种方式为探索提供理想的范例和机会。虽然在真正开始之前很难完全理解田野调查的可能性，但那些似乎符合你研究兴趣的情境，提供着一些值得考虑的案例或参与者，你可以在其中或通过它们研究感兴趣的话题。

2. 进入注意事项：几乎所有的田野点都需要某种形式的进入协商、同意或许可。我们要能"进入"情境，以便开展田野调查。有时需要正式的许可，或者可能需要来自一个情境中的一系列行动者的许可。找出要问询的人，并预判如何申请去做研究才可能被接受，这是获得情境理解的一个重要组成部分。在某些情况下，非正式的支持和保证是必需的，或将对确保进入有很大帮助。一些情境将会需要正式和非正式的准入同意，甚至需要持续的准入协商。即使是那些可能被视为"公共的"情境或地点也不能免除进入问题。的确，在公共场所公开或秘密地进行田野调查提出了需要认真考虑的特殊伦理脉络。在做田野调查选择时，必须考虑到进入一个情境可能有多容易或有多困难，尽管这样的考虑不应过分限制我们研究那些表面上可能难以进入或具有挑战性的情境的雄心。理解如何进入一个情境或田野点，以及谁能提供帮助，实际上是研究过程中的一个重要部分，而这本身就可以揭示情境的真相。

3. 可比性和/或独特探索的机会：所有社会研究都以某种方式建立在过去的基础上。在选择人群志研究的研究情境时，应当注意它对现有研究和知识体系将会做出的贡献。例如,选择一个情境进行探究可能正是因为它不同于在以往研究中探索过的地点,可能使常见的研究问题能够在新的情境中被应用和探索。同样,一个情境之所以很可能会被选择,是因为它实际上是,或似乎是在以前研究中研究过的相同或非常相似的情境。例如,在这里对知识的新贡献可能是探索不同的焦点、随着时间的推移进行比较、新的预示性研究问题或不同的知情人样本。正是这种变化为原有的但又可比较的探索提供了机会。在选择一个情境时,重要的是要理解个体研究项目与更广泛的研究体系对话的方式,并注意新的研究将如何增进我们的理解。研究情境的选择不会决定你的人群志项目对现有工作的贡献,但会提供一个重要的参考框架。

　　4. 适应和进行:人群志研究依赖于研究者是否能够介入探索现场,是否有持续的机会和参与者进行互动(可能包括观察、倾听和提问)。人群志学者在田野中可以采取许多立场(参见本书第 5 章),需要或促进不同层次的参与和互动。考虑你可能的角色,或在田野中的角色——你将如何被认识,进行田野调查有多么容易或多么困难,以及你的存在可能对情境产生影响的方式——是选择田野点的重要考虑因素。理想的做法是,应选择可能(或至少合适)让人群志学者采用允许参与式观察和/或会话的一个或多个角色的情境,同时将对情境的干扰降到最低。然而,仅仅因为不能立刻看清如何进行田野调查就不去选择一个情境,这样做也是无济于事的。这里重要的是,尽早关注如何开展田野调查——可能性和挑战,以及如何处理这些可能性和挑战。当然,在田野调查过程中,存在可能、期望或必须采用各种各样的角色以便管理田野关系的可能性。

　　5. 初步探索和预田野调查:研究者有时可以在可能的研究情境中或其周围进行初步的早期研究。这可以用来发展预示性问题,测试进行田野调查的实际可能性,并制定适当的策略以恰当地进入田野。也可能有许多可能情境以供选择。这种情况下,可以用一些初步的田野调查来评估各种选择。预田野调查可能包括一次或多次访问情境,与田野中的社会行动者进行会话("访谈"),这些参与者很容易接触(不在或不属于情境,但对情境有知识和经验,或属于类似情境),并收集容易接触的关于情境或来自情境的资料,例如公共档案、照片等。这样的预田野调查可以为情境的选择提供指导,有助于规划资料收集策略,也有助于进一步发展研究问题或预示性问题。

6. 偶发事件和幸运程度:以上考虑都有助于为系统地选择进行人群志研究的情境提供一些指导。但是应该提及的是,在某些情况下,甚至在提出研究问题或确定预示性问题之前,一个情境就可能出现在研究中。有时在研究地点会出现(或强加给我们)机会。有时我们恰好在"这里"或"那里",这似乎是一个开始人群志旅程的好地方。这可能是我们在日常生活中熟悉并"在家中"的情境。例如,在自己的学校情境中从事研究的教师从业者,或研究日常工作情境的其他专业群体,或人群志式"患者"发现自己处于一个能够通过自己的疾病经历产生丰富人群志资料的场所(Horlick-Jones,2011;Kolker,1996;Paget,1993)。同样,可能会有一次偶遇(一次会面、一次意外的访问、一次我们个人生活中的经历)或一句脱口而出的评论("你应该来这里研究我们","如果你需要介绍,请告诉我"),这会激发一种兴趣或提供考虑在特定情境中进行研究的一个界面。在这种情况下,"选择"情境可能会先于一组特定的研究问题或该研究领域的想法。情境可能只是看起来有趣或不寻常,或容易接近,或友好,或方便,正是通过对情境的早期接触,将所要探讨的问题确定下来。这与任何情况下所发生的没有太大区别,因为所有的精心规划和初步发展的话题和问题都有待探讨。通常是通过我们在这个情境中最初和早期的田野调查经验,或者通过与这个情境中的人们交谈,我们开始了为人群志探索而逐渐聚焦我们的想法。

选择案例和知情人

过多地关注一般情境或为研究所选择的情境可能有点错位,因为实际上,在这些情境中研究的内容或对象是对人群志学者而言最重要的。虽然我们可以用情境或"田野"来定义我们的研究,但重要的是要记住,情境或"田野"本身就是社会地和文化地构成的;情境不是静态或固定的现象,而是动态的和活动与互动的协商空间。因此,一个情境或田野可以通过各种方式来定义和研究,与被选为焦点的案例和被观察或交谈的社会行动者有关。反过来,为了详细探索一个案例或一个社会行动者的经历,我们可能需要穿越诸情境的边界——跨越诸情境或研究领域,抑或在诸情境或研究领域间工作。简单地说,在一个情境中研究所有事情以便获得一个明确和完整的描述是不可能的。为了研究一个情境,并得出一个对该情境人群志式有见地的理解,我们利用了一系列说明性的例子进行描述和分析;我们选择案例和知情人来提供进入情境的途径,并帮助我们发展对田野的洞见和理解。情境提供了人群志的脉络,在脉络中或通过脉络我们可以探索(总是)既定的生活、行动和事件。在选择案例和知情人时,我们可能会留意相似性和对比性的探索。也就是说,我们可以选择那些看起来相同或相似的案例和知情人。同样,我们可能会有目的地基于不同点来选择。

对案例和知情人的选择,明确了通过谨慎和系统地选择要探讨的人群、事件、活动和行动,人群志提供逐步聚焦的机会的方式。这样的选择超越了一个理所当然的概念,即研究情境是自然发生的,或者资料只是"在那里"被收集的;相反,人群志学者必须发挥积极的作用,确认和界定案例和知情人,以试图汇总和生成能够理解情境的资料。

理论抽样(Theoretical sampling)提供了一种方法来开展选择案例进行探索的活动(Glaser and Strauss,1967;另见 Flick,2018d)。理论抽样鼓励确认案例以便生成尽可能多的范畴,从而为发展和检验初步的理论假设提供最大范围。为了探索相似性和差异性,可以选择一些案例进行探索,通过这些被确认的案例,可以在一个情境中提供比较和对比的诸多方面。同样,基于对一个情境不断发展的理解,有可能确定一系列进行调查的案例——例如,考虑在一个情境中的不同脉络、活动场所、互动场所和地点的运作。因此,例如,如果人群志的焦点是描述和发展对医院情境中日常社会世界的理解,那么选择的研究案例可能是提供脉络的不同病房或专业,或完成医院工作的不同区域和空间,或医院活动的不同场所。这可能是在单个给定的医院情境，或跨越一系列不同的医院情境中进行。这里的重点是，抽样案例提供了一种管理田野调查和聚焦我们的活动和兴趣的方法。同时，案例的选择是田野调查作为行动本身有赖于对田野情境的初步理解。

选择案例意味着在一个情境中进行"抽样"，以便为翔实的资料收集和分析提供单位；"样本"提供情境的代表，而不是以任何完整的方式再现情境。案例为通常从一系列的视角和观点出发探索情境提供了可操作的机会。案例没有，也不可能有任何意图再现作为一个整体的情境。确实，完全"再现"情境的唯一方法是从各个方面研究整个情境，而这是不可能的——鉴于所有情境都是被社会地和文化地构成的，同一人群会有不同经历，不同人群会用相似方式，并且总是不断发展、转换和重组。

作为人群志学者，我们也在案例中抽样，以便进一步聚焦我们的研究工作。这种抽样决策是研究过程的重要组成部分；对如何处理情境或情境中的案例做出决策有赖于不断发展的知识和理解。我们必须决定和谁谈话，什么时候和他们谈话，以及向他们提出什么问题。我们必须选择观察和/或参与什么，何时观察，以及何时加入和何时不加入。我们还就记录哪些信息、何时记录以及如何记录我们的观察和会话做出抽样决策。随着我们对研究的完善和逐步聚焦，我们的抽样方式在任何项目的过程中都会随着情境知识的发展和研究问题的提出而发生变化。值得注意的是，在谨慎规划、实现系统和渐进的聚焦，以及在人群志田野调查中那些让我们大吃一惊并引导我们朝着我们根本没有想到的方向前进的不可预见或恰如其分的时刻之间，需要达成一种必要的平衡。这两个因素对人群志研究都是至关重要的，我们可以为前者做规划，但我们也必须预见后者。

在诸案例中选择案例和抽样是人群志项目过程中将会发生的事情；这种事情不可能在研究开始之前就预先计划好。但是，在确定如何在情境中选择案例时，可以记住一些有用的事情。

● **包括谁**：社会行动者——人群——为在情境中抽样提供坐标轴。在案例中选择潜在参与者或知情人主要有三种方式：

1. 通过基于人口学或其他已知特征设计好的抽样框，是或可以是很便利地访问情境中的社会行动者的。这些可能是性别、年龄或族群性等通用的范畴，也可以是特定案例——例如特定工作情境中的职业或等级。虽然使用这些标准可能是个有用的出发点，但只有当这些范畴是明显的或初步的，对于理解作为人群志探究主题的情境同样重要时，这种策略性抽样才是真正有用的。

2. 通过确定案例中由社会行动者自己定义的范畴。洛夫兰（Lofland，1976）实效地将这些称作"成员确认的范畴"，是社会行动者用来描述或标记情境中的人群类型的术语类型学。在田野调查的过程中，只有当人群志学者开始了解情境并"听到"情境中社会行动者的场景化词汇时，这种抽样才可能实现。

3. 通过初步的资料收集和分析，构建人群志学者导向的范畴或人群"类型"，这反过来又提供了一个框架，从中有策略地进行知情人抽样。这种路径可以通过初步或持续的观察和会话，以及与初步分析和进一步对情境的理解相联系来发展。例如，在项目过程中，社会行动者可能会因他们所展示的或以其他方式带到情境中来的知识和经验水平而被识别出来。我们也许可以开始将诸多成员范畴化为新人、老手、有经验者、反叛者、顺从者、发声者、静默者等。在这种情况下，重要的是，我们要时刻注意检验我们的常识理解，确保我们不会把我们正在生成的那些范畴视为理所当然，并在我们的研究进程中开放地修订和反思我们在如何确认潜在参与者。

● **何时去研究**：时间性提供了潜在有用的框架，从其出发可以在案例中进行抽样。显而易见的是，社会文化生活是通过时间和在时间中体验的。然而，时间组织经历、事件和行动的方式往往被忽视（Adam，1990）。所有的情境作为研究领域都有时间结构，可以提供一个概念透镜，我们可以通过透镜获得细致的理解。举个简单的例子，也许是小学情境，在一天中的不同时间体验小学会产生对普通学校情境中发生的事情的不同理解。通常被认为是"上学日"的时间（孩子们在场的时候）与校舍实际开放和"人满为患"的时间——教师、看护者、学校厨师和在岗行政人员，或者社区群体在"下班后"使用校舍和设施——相比相对较短。如果你早上去参观学校,在学校铃声响起和孩子们的上学日开始之前,可能会有一个操场,挤满了送孩子的家长,老师领着一排排孩子走进学校。在其他时间,操场会空空如也或用于组织活动。校外关系在一天中呈现出特定的形式和功能。周一早上在校舍内的"外观"和"感觉"可能与周五下午不同。我们可以将这个时间透镜放大来思考整个学年的节奏。例如,圣诞节前夕到英国一所小学参观的游客会对学校的"普通"日程安排产生一种非常特殊的印象(包括圣诞剧、用棉绒堆雪人和许多闪光艺术),当然,这与 3 月潮湿的下午,或暑假前夏季学期的最后一周可能发生的事情截然不同。这里的重点不是说人群志学者为了充分理解或欣赏其社会和文化背景,需要研究一个情境一天中的所有时间或一年中的所有日子。相反,要注意的是,意识到情境的时间组织,以及组织施加影响或按节奏生活的方式,这提供了发展时间抽样框架的机会,从中可以选择案例进行详细的探索和关注。在开始人群志田野调查之前,这项工作中的部分——经由或通过时间选择案例也许是可能的。例如,作为预田野调查的一部分,思考时间和时间性如何影响情境,以及我们的观察和会话如何探索和捕捉日常生活的不同节奏可能会有作用。更有可能的是,在田野调查期间,我们可能会理解某个情境的时间组织,这反过来又可能导致我们有目的地选择案例(时间)进行探索。会有一些特别重要或有趣的特别时间——例如,转变时期、静默时期、忙碌时期、似乎要发生很多事情的时期,以及"什么都没发生"的时期。当然,"从未有事发生",重要的是在选择案例时,我们把看似常规或"普通"的时间包括在内,而不仅仅是那些看起来像多事之秋或不同寻常的时间。

● **去哪里研究**:情境很少(如果有的话)是同质和恒定的空间。相反,大多数(如果不是所有的话)情境将具有许多空间定义的区域和地区,可能与不同的活动和/或人群相关联。在一个情境中,社会行动者在不同的空间中可能做出不同的行为,这些不同的空间也将提供一系列日常活动发生的脉络。戈夫曼(Goffman,1959)对"后台"和"前台"的区分在这里是一个有用的类比。这种区分提供了一种机制,我们可以通过这种机制清楚地说明社会生活类似于表演,包括"后院"及"前

庭"的实践和表演。当然,这里的重点并不是说社会生活的某些方面是
"捏造的"(亦即有意以造假的方式表演),而有些方面是更本真或更真
实的;相反,要意识到空间的和真实的其他脉络,其间事件、行为和活动
正在发生。例如,医院外科工作人员在手术室中对待昏迷病人的行为
可能与他们在繁忙的查房期间的行为有所不同。同样,一个中学的员
工办公室将为教师的日常工作和社会关系提供一个与教室情境不同的
视角;或者有关大学的情况,毕业典礼的奇观,将提供一个与观察正在
运行的委员会或参与本科一年级课程非常不同的看法。社会行动者在
他们所占据的社会空间内不同的集会中也会做出不同的行为。与其他
角色和关系相比,我们的社会角色的社会构建是不同的。如果班主任
或外部巡视员在场,学校教室会有不同于"平常"的互动方式,学校员工
办公室也是如此。办公室里的同事的工作方式可能会有所不同,这取
决于首席执行官(CEO)是否在上班。再次强调,对情境的空间和空间
脉络的认识,不应该意味着可以不切实际地期望所有区域都可以或应
该作为人群志项目的一部分进行研究或抽样,这一点很重要。即使它
是可取的,也是根本不可能的。识别和开始认识社会生活在空间上体
验的方式,以及社会情境在空间上的脉络化,可能是人群志研究的成
果。对人们行动的空间和场所营造脉络的理解也可以纳入要探索的案
例的选择中。

进入——访问田野

　　尽管案例和参与者是选择出来的,人群志研究仍取决于对情境和
人们的访问。正如贝利(Bailey,1996)所说,获得进入可能是一项复杂
的事务。虽然研究者谨慎地、反身性地考虑情境、参与者和案例的选择
是很重要的,但在实践中,什么是可能的在很大程度上取决于我们的选
择是否为/对研究开放,以及成功地协商准入。初始访问情境和/或参
与者是至关重要的,可以决定整个项目的进程。然而需要承认的是,在

整个人群志研究中,准入往往(而且通常)是一个持续的过程。研究准入,如允许执行研究和确保参与者的合作,通常被概念化为需要管理和克服的"问题"或挑战。也许将准入视为研究过程本身的一个组成部分会更有成效,通常需要不断进行协商和再协商(Burgess,1991)。我们如何以及以什么方式访问一个情境或我们的知情人,实际上可以告诉我们很多关于这个情境的信息:它是如何组织起来的,以及在这个情境中社会行动者的角色。

协商研究准入很少像请求许可那么简单。但在许多情境中,会有一些正式或不太正式的结构是有导向性的,并要求和授予(或不授予)各种"官方"许可。弄清该问谁或需要问谁(以及以什么方式问)是研究过程的必要组成部分,并且随着对情境的理解水平的提高而不断提高。可能存在"正式的"运行着的组织结构,需要以某种方式承认,或许可用一种正式的路径去获得在组织内进行田野调查的制度性"许可"。当然,这一点很重要(也可能至关重要),但很少足以确保准入。正式许可不同于社会行动者可能需要的"实地"同意,这一许可便于人群志学者参与社会情境,并从该情境中生成和记录资料。在某些情境中——例如,公共或半公共情境——甚至可能不会立即明显地知道是否要申请许可,以及如果要申请,向谁申请。然而,要想获得对活动、事件和人群的有意义的准入,仍需要谨慎协商或行动。通过"闲逛""加入"或通过建立关系获得准入仍然需要各种许可,仍然需要能够清楚说明和解释你在田野中的在场,确保你的研究实践符合伦理,并考虑到福利和知情同意问题。

在许多情境中,成功地协商准入去做人群志研究的机会将依赖或受益于关键的个人或群体。有可能是去确定一个情境的有效的**守门人**(gatekeeper)。守门人是能够提供进入情境的途径的社会行动者;他们可以非正式地或正式地监督与特定组织或社会群体的接触,并能帮助向田野中的其他人作介绍。他们可能会给你担保,为你守护,给你提供"内幕"信息,或者充当赞助者或关键知情人。你可以利用你现有的或导引性的情境知识,在开始田野调查之前确定守门人。也许更常见的是,守门人或赞助者出现在最初的田野调查中,或者实际上出现在整个人群志研究过程中。在一个长期的项目中,与你一起工作或支持你的关键知情人的数量可能会增加;可能会出现新的赞助者,从而使你能够接触到田野的新侧面和新视角。赞助对人群志项目的进展非常有益,并且可能是选择地点、案例和知情人的关键因素。但是,重要的是要对赞助可能塑造你的研究的方式,以及你在田野中被觉察的方式保持反身性。被认为与田野中的某些人特别密切相关,而不是与其他人密切相关,这可能会使人们无法接触到具有相反观点或另类立场的其他人。特别是服膺于田野中日常实践的特定观点,可能会排除其他视角和声音,这也是有风险的。

守门人或赞助者将在田野中有自己的数套社会关系,这将有助于形塑人群志学者与他们和其他人的互动。他们可能有既得利益,或者可能有明显或更微妙的权力关系。这种反思并不意味着我们应该怀疑田野中支持我们的研究并有助于为我们打开大门的个体或群体。相反,与赞助者或关键知情人的关系应以敏感和反思的方式进行管理,考虑这些关系可能会告诉我们关于我们正在寻求理解的社会和文化情景的信息,同时也考虑此类赞助可能提供的可能性和局限性。

进入一个情境还要求人群志学者能够向情境中的人们清楚说明他们的研究;以对情境中的社会行动者有意义的方式描述他们对什么感兴趣以及他们将做什么。在某些情况下,研究者可能会遇到来自潜在研究参与者的不情愿、拒绝或抵制。在这种情况下,准入可能是一个需要谨慎管理的长期项目。本格里-豪威尔和格里芬(Bengry-Howell and Griffin,2012)描述了人群志学者有时为了获得准入而被指控进行隐性说服的方式。在所有情况下,我们都必须提供我们研究的脚本——或者真实的脚本,因为我们可能需要以不同的方式描述我们的研究,以便向田野中的不同受众说明我们自己。这包括谨慎思考如何描述我们的研究计划;在人群志事务中,这一点尤其具有挑战性,因为在研究焦点方面,或者在资料生成和分析将如何发展方面,缺乏明确性可能是合理的。在某些情况下,信息需要以不同的方式呈现,而且最初共享的信息可能有限——例如,一旦建立起良好的田野调查关系,就最好清晰说明可能会有敏感性或不确定性。有时人群志研究是秘密开始的,或者我们回顾性地认识到我们一直在参与一个我们产生人群志兴趣的情境,或者是有目的的研究已经开始,研究者的角色只有在建立了田野关系之后才展现出来。正如哈默斯利和阿特金森(Hammersley and Atkinson,2007)所指出的,**隐蔽研究**(covert research)带来了一系列的伦理考量和焦虑,以及一系列的实践难题。应尽可能避免欺骗。更常见的是,早期的预田野调查和研究主体之间一开始的界限往往比我们想象的要小。就我们在研究什么和为何研究而言,我们的脚本也许会发展和变化,因为我们在田野中构建我们自己,对我们感兴趣的东西,以及如何以适当方式向参与者较好解释它有了更清晰的理解。

成功的人群志的关键特征之一是研究者在研究情境中与社会行动者建立信任和友善的能力。这并不总是容易做到的,需要被视为一个关键的和持续进行的研究过程的一部分。建立友善和信任是我们在人群志际遇的过程中需要努力的事情。发展此类关系并不一定是研究者"恰好"天生擅长。建立友善需要以对田野中不同社会行动者敏感的方式进行。这涉及敏感地阅读社会景观,积极地寻找与人们和睦相处之道,包括那些你可能不一定与之有自然亲近之感的人。过度友善也伴有风险,与研究参与者非常或过于亲近可能会带来它自身的困境,例如,如果你被认为接受某些观点而不是另一些观点,并且同某些参与者分享田野调查时光而拒斥了另一些人(Coffey,1999)。

在田野中没有发展良善关系的规则,但有很多事情要考虑。例如,最好不要对什么是值得期盼的,或者什么是参与者会认为你已经知道的做出假设。在可能的情况下,以彼此有意义的方式建立相互融洽的关系是有帮助的。对我们可以在多大程度上参与日常实践,或者参与多长时间,我们应该诚实以待。清楚我们什么时候会在场,什么时候不会在场。在已知的情况下场,遵循与情境文化相关的规范和惯例以及与你的社会地位(例如,与你的年龄或性别)相关的规范和惯例是很重要的。对建立融洽关系的可能和挑战保持反身性,不仅仅是田野调查重要的"进入途径",而且是田野调查本身以及理解我们所寻求理解的社会情境的关键。

对情境的访问还需要考虑你将在现场呈现和采用的一个或多个角

色。在田野调查期间,在管理你的个人形象方面通常有些实际考虑(例如,与你的外貌、着装、语言等有关的)。你的个人特征也可能会限制你在田野中所扮演的角色。举个例子,当你很明显是成年人的时候,就不可能在学校里扮演孩子的角色。同样,也有一些选择与你觉得自己能够或愿意参与的程度有关,也有一些选择与你希望或认为能够进行的各种印象管理有关。在一个情境中,无论是面对不同的人,还是随着时间的推移,你都可能会采用多个角色;例如,红颜知己、朋友、同事、幼稚无能者、研究者、支持者和学术研究者。如果不关注研究者的角色,就不能完成人群志田野调查,这种关注始于你在访问和进入情境期间最初如何呈现和发展你的角色。在某些情况下,一个角色可能会自我呈现或预先存在。而在另外一些情况下,无论是调查之初还是随着田野调查的进展,人们都可能需要更多地考虑在田野中呈现和存在的方式。

本章要点

● 选择人群志研究的地点可以同时考虑智识和实用的因素。

● 有一系列的因素可以影响情境的选择,包括研究问题、进入协商的容易程度、进行比较研究的可能性和研究者介入的可能性。

● 案例和知情人的选择是人群志研究的关键部分。其目的不是要有代表性,而是提供从一系列视角系统地探索情境的方法。

● 人群志事务中的抽样可以考虑时间、空间和人群等一系列因素。我们可以根据情境的时间节律、物理区域、进行的不同活动以及在田野中运作的参与者来选择案例。

● 准入是一个术语,用来描述寻求"许可"进行人群志研究的过程。这既包括可能需要的正式请求,也包括研究者寻求在田野中社会行动者支持、接受和合作的非正式方式。

● 在人群志事务中,准入是一个持续的过程,而不是一次性的事件,包括建立信任和构建融洽关系。

拓展阅读

Bengry-Howell, A. and Griffin, C. (2012) "Negotiating access in ethnographic research with 'hard to reach' young people: establishing common ground or a process of methodological grooming?", *International Journal of Social Research Methodology*, 15 (5):403—416.

Brewer, J. D. (2009) *Ethnography*. Buckingham: Open University Press.

Small, M. L. (2009) "On science and the logic of case selection in field-based research", *Ethnography*, 10(1):5—38.

在田野中：观察、会话与档案

主要内容

制作资料

田野中的初始调查与最初日子

参与式观察与田野笔记

人群志会话

社会生活纪实

学习目标

阅读本章后，你将：

● 了解初期田野际遇和田野中最初日子的重要性；

● 能够描述人群志研究中资料收集的主要方法；

● 理解如何通过参与式观察生成田野笔记，并辨识其作为文本作品的质量；

● 能够描述人群志访谈的主要特征，以及它如何在田野调查中得到应用；

● 了解角色档案和多模态资料在人群志中的作用。

制作资料

人群志研究依赖于研究者"在那里"（being there）的行动作为资料

收集的一个关键方面。虽然我们很可能而且实际上常常仔细分析在田野中的或有关田野的档案,但田野调查的经验——作为人群志实践——仍然是我们了解社会情境和社会行动者生活的一种重要且核心的方式。人群志田野调查所用的主要资料收集方法是观察和会话;这是利用我们日常的观察、询问和倾听的实践,以便感知、理解和阐释所研究情境中的活动、事件、行动、互动和关系。这些资料收集方法需要研究者的积极参与;事实上,正是通过与情境和情境中的人们的持续互动和观察才制作出了资料。制作意味着一种有目的的实践;人群志资料是制作出来的而不是"捕获到的"。也就是说,人群志资料是研究者和所研究的田野的共同成果。当然,这并不意味着资料是在任何粗制滥造或阴险狡诈的意义上"编造出来的"。为了记录和描述,优秀的研究者会取道谨慎且系统的路径来工作和与情境互动。但是,就观察到、询问到、听到和记录到的内容而言,这确实意味着人群志学者的角色和工作是至关重要的。

田野中的初始调查与最初日子

人群志田野调查从我们进入田野情境的那一刻开始,甚至在我们进入情境之前就已开始。为了进入一个情境,通常可能会进行一些预备访问,或钻研该情境,或与将成为研究焦点的情境中的人们或了解该情境的人们进行一些"非正式"会话。这些预田野调查活动可能是必不可少的初次接触——也许是在挑战我们对情境的早期先入之见,或者在我们作为"新来者"最具洞察力或接受力的时候提供关于情境的早期信息。由于各种原因,田野调查的最初日子(Geer,1964)可能是最具挑战性和最有收获的日子。作为一个可能对某个情境陌生的人,研究者可以利用一种最初的陌生感来获得很好的效果。当我们在日常生活和际遇中不熟悉某个社会世界、活动或人群时,我们会利用我们所有的日常实践来"理解";同样,作为一个刚进入情境的新人的人群志研究者也能在研究境遇中带来一种方法论上的天真，这意味着他们能够不加判断地接收信息，接纳"一切"，观察正在发生的事情而不进行阐释，并且询问那些简单问题，而那些问题对于那些被认为了解或熟悉某个情境的人来说可能是难以想象的。当然，我们并不总是研究对我们来说"陌生"的情境；在这种情况下，早期的田野调查需要挑战我们以为我们所知道的那些东西，并挑战我们认为我们所提供的一种用崭新的视角看待情境的方式。系统地观察和记录正在发生的事情的行动听起来很简单，但在我们认为自己已经知道"发生了什么"的情境中可能特别困难。在这种情况下，思考转熟为生的策略是很有用的。我们必须努力工作以重新看待事物，开始聚精会神而不是不理不睬。在我们的日常生活中，我们在集中注意力方面很有作用和效率——筛选出我们周围发生的大量的事情。作为人群志学者，田野中的最初日子需要我们有目的地、自觉地利用我们的感官，以便像陌生人一样观察熟悉的情境。熟悉和陌生之间的区别长期以来一直是人群志工作的一个特征（参见Geer，1964；Becker，1971；作者来自第二代芝加哥社会学学派，他们反映了陌生人-观察者隐喻，以及在"家乡"和/或熟悉的地方进行研究时采用此一伪装之困难的传统），尽管这种区别并不像我们想象的那么明显（Atkinson et al.，2003）。所有情境中的人群志研究都涉及对我们带到情境中来的经验和知识的反思，而不是对我们认为关于情境我们所知道的做出想当然的假设。人群志田野调查的目的是提出对我们不熟悉的情境的理解，**并且**理解那些我们认为具有一定文化能力水平的社会脉络。人群志实践的一个任务是不要依赖我们认为我们知道的假设，以及我们熟悉**或**陌生的情境。

挑战之一是如何记录我们初始的观察和会话——当面对空白页（字面上或隐喻地）和捕捉"正在发生的一切"势在必行时，尤其是为了挑战我们可能带到田野的任何先入为主的想法或想当然的假设时。当然，不是所有的事情都能被记录下来，所以很重要的一点是要有自我意识，因此立即意识到自己将"自然地"聚焦是很重要的，不至于不加思索地聚焦，并为理解特定的社会情境而制定重新聚焦的策略，特别是在田野调查的早期，那时我们并不知道什么是重要的，什么是不重要的。另一个挑战是,当我们想要记录"一切"时,我们可能会觉得我们很难看到任何"值得关注"或值得记录的东西,特别是在我们假定有一定文化能力的情境中。一个值得提醒的好咒语是"什么都不会发生"。在理解社会情境时,我们关心的是社会和文化生活的日常,而不仅仅是非同寻常的事件和事情。我们的任务是揭示和理解日常、平凡和寻常事情是如何完成的,通过这些事情,非凡或罕见的事情被脉络化。以开放的头脑而不是空洞的头脑进行初始的田野调查,亦即我们在田野的最初日子是关键。空洞的头脑意味着资料会突然出现,并且会在研究者毫不费力的情况下进入我们的笔记本。开放的头脑承认并利用我们现有的假设和看法,但这意味着我们习惯于感到惊讶,对社会和文化生活的日常成就感到兴奋,并制定实用和理智的策略来聚焦和再聚焦,在熟悉和陌生的位置之间穿行和跨越。我们早期的田野调查经验对我们的最终分析有影响,这一点怎么强调都不为过。我们在田野中的最初日子采用和发展的策略和概念,会对将来的田野调查以及分析和概念化进展的方式产生影响。实际上,这意味着对我们自己的先入之见保持及早和持续的警觉,对惊讶保持开放态度,以及那些记录和挑战初始观察的清晰策略。

参与式观察与田野笔记

参与式观察是人群志方法的重要组成部分之一。参与式观察者是人群志学者为了收集有关某一情境的资料而采用的一种角色。有一系列参与者角色可以采用,并随之伴有从完全参与到非参与者观察者的连续统(有关田野中角色和关系的更多信息,请参见第 5 章)。在实践中,大多数人群志学者部分地参与了情境,或多或少地参与其中,占据着"在那里"的位置,并在情境中或与情境互动,以便观察和理解活动、事件和关系。观察开始于研究者遇到现场的那一刻,或者实际上在真正的田野调查之前,最初的会面或访问可能就已发生了。当然,观察并不是一种中立的活动,在与参与式观察者分离的意义上不能也不应该被视为是客观的。我们把我们的个人特征和背景,以及我们的想法、假设、经验和理论带到了田野。优秀的人群志学者会反思他们是谁以及他们为田野带来了什么,他们可能如何影响田野,以及他们需要持续性和建设性的挑战,以确保事情不会因为他们带来的经验、特征和信仰而被遗漏或忽视。

观察始于尽可能多地在一个情境中看和听,以翔实和系统的方式记录正在发生的事情。以防止我们过度聚焦某个领域的方式来组织我们的观察很重要,尤其是在项目起始阶段。这就是在一个情境中进行抽样的有用之处,例如,在不同时间里、在不同区域或者不同人群中进行观察。随着时间的推移,随着我们对情境的熟悉,并且当我们开始对正在发生的事情和人群如何联系与互动有了想法时,观察就可以而且应该逐渐成为焦点。在长期的田野调查过程中,这一焦点可能会转移和改变,因为我们开始确定有助于我们获得理解的各种实践模式;也就是说,行动、事件、行为和互动的范围使情境边界化和典范化。在田野调查中,有时很容易被壮观的、不寻常的或令人震惊的事情分散注意力。情境的这些方面更容易识别,似乎更容易记载和记录(因为"某些事情正在发生"),并且可能会分散注意力,使我们的注意力从看似更寻常的实践上转移开。从人群志的角度来说,优秀的人群志学者的技能是认识和重视情境中常见和普通的东西,并且能够将对我们来说似乎不同寻常的事件进行定位和脉络化,这些事件可能会告诉我们关于情境"一如往常"的那些方面。

在田野调查中记录观察的通常方法是书面文本的田野笔记。田野笔记可以通过其他记录方法来扩充,例如摄影、音频和视频记录,但它仍然是人群志实践的关键部分(Emerson et al., 2011; Sanjek, 1990; 另见 Banks, 2017; Gibbs, 2017)。田野笔记将人群志观察与我们的日常观察区分开来,我们的日常观察都是为了"过"(do)和理解我们的日常生活。参与式观察生成了作为资料的田野笔记。田野笔记提供了一种系统化和记录我们观察的方式。在田野调查期间,我们经常能做的笔记可能比冗长的田野笔记更像是随笔。这更多取决于情境本身和研究者所采用的角色,即在田野中随心所欲地写作有多容易或不容易。这就是为什么确保在观察期间有规律的中断或间隔通常是有帮助的或确实必不可少的原因之一,这样可以确保笔记得以扩充和细化,使其成为有用的资料。田野中的笔记需要作为备忘录,以便在观察后尽快将我们的观察转化为丰富和翔实的描述。田野笔记是经过加工和运用的书面作品;它们是田野的文本再现,由人群志学者精心制作,利用文学惯例产生浓描(Geertz,1973),将行动和互动置于情境中,使它们对那些不熟悉情况的人们有意义。

发展一种有条理的、结构化的路径来生成田野笔记,在整个研究项目过程中将对你有所裨益。关于田野笔记如何构建、包含什么和不包含什么是没有规则的。然而,考虑田野笔记提供的将读者带到"那里"的细节是有帮助的,这样人们就可以通过用文字绘制的图片进行想象。田野笔记通常可能包括:

● 情境的翔实描述,包括情境的重要性。

● 描述情境中的人群,使用不做判断而是描述所见的语言。

● 行动和事件的时间表和年表;何时、何地发生了什么,如何发生的。

● 对行动、互动、行为和事件的描述,聚焦于可观察的事物,而不是观念或阐释。

● 会话、谈论和其他类型互动的细节,包括口头的(尽可能完整和一字不差)和非口头的。

我们还可以通过实践和组织方式确保田野笔记尽可能好,并尽可能成为人群志资料的有用来源。例如,确保田野笔记井井有条,并清楚标明观察发生的时间和地点;在可能的情况下按时间顺序记录资料,以便可以重构和"记下"行动和互动;使用对人群、地点和事物进行丰富描述的田野笔记,无需(在田野笔记阶段)进行分析或阐释。田野笔记不应该包括我们认为正在发生的事情,而应该包括我们可以通过我们的感官看到、听到和以其他方式体验的内容。

田野笔记是由研究者作为作者(精心地)制作的文本,因此,它们只能是田野的文本再现。虽然田野笔记应仔仔细细、深思熟虑地书写,以提供生动、丰富的田野描述，但重要的是要承认其作为田野文本的成果。奥滕伯格（Ottenberg，1990）创造了术语"眉批"（head notes），以区分作为田野调查书面记录的田野笔记和我们开始了解以前不曾知道的（或无法表达我们知道的）隐性知识。无论我们在书写田野笔记时多么谨慎，我们仍会记住并重新记住一些事情，这些事情是我们在田野中逐渐了解的和关于田野的，它们不以书面形式出现，但会随着时间的推移，说明，架构和重新评估我们的阐释和分析。随着我们理论和方法论思维的成熟，我们阅读和对待田野笔记的方式将发生变化，但笔记本身将保持不变，随着事情的发生和发展及时被记录下来。尽管如此，眉批更具动态性和流动性，在田野调查之后，它有能力像在田野调查期间一样改变。田野笔记本身始终是一份备忘录，由人群志学者结合他们"在那里"的经验，以及他们随着时间和经验而改变的思想被反复阅读。奥滕伯格（Ottenberg，1990）认为，正是这种田野笔记和眉批之间的关系性互动"造就"了人群志。

参与式观察和田野笔记是该路径的组成部分，是人群志的重要组成部分。关于参与式观察如何与其他人群志资料收集方法（尤其是访谈）并驾齐驱一直存在争论（Becker and Geer，1957a，1957b；另外，相关概述，见 Atkinson et al.，2003）。区别并不像我们想象的那么鲜明。参与式观察通常会涉及与情境中的社会行动者交谈和提问的机会或必要性。

人群志会话

为了弄清楚为何事情会以某种方式在社会情境中发生，我们请教那些（可能）知晓的人是重要的，甚至是必要的。因此，在田野调查期间，我们与在/属于田野的社会行动者进行各种会话是有助益的，也是重要的。从看似最不经意的交流，到更正式、更有组织、更结构化的互动，这些都可能有所不同。我们可以使用各种类型和不同程度的组织和结构的访谈,来引发成员对作为人群志一部分的情境的理解。伯吉斯(Burgess,1984,p.102)创造了"有目的的会话"一词,将人群志访谈描述为基于特定情境的会话互动,用于说明正在研究的内容。这表明,此类访谈利用了会话敏感性和规则,是研究者和知情人之间的互动,而且鼓励交谈。也就是说,它们旨在促进田野中的社会参与者描述属于他们日常世界的现象。人群志中的访谈,无论是在现场进行的,还是通过田野调查期间的日常对话偶然进行的,或者通过更多计划和安排的机会进行的,其目的都是相同的;也就是说,从人们那里收集关于其自身的经历和对社会情境的理解的信息。

会话和交谈(另见 Rapley,2018)是我们日常生活的一部分。我们都把会话作为日常生活的一部分,尽管我们很少自觉地这样做。然而,交谈并不是自然发生的。在我们的会话中,会有一些惯例和规则发挥作用,这些惯例和规则会因场景性的脉络和所涉及的社会行动者而有所不同。事实上,会话本身的实质可以构成详细分析的主题;会话分析(ten Have,2007)——对社会互动和"交谈"的细致入微和场景性的研究,可能包括口头和非口头的"言说"——本身就是质性研究和分析的一个亚领域。作为人群志田野调查的一部分,我们可能有机会一字不差地记录自然发生的会话,这些会话可以进行会话分析。然而,人群志访谈并非"自然发生",它们建立在我们的会话技能之上,但却是我们有意识、有目地进行的互动。我们有意地进入会话,以便获得叙述。研究者负责引导对话,同时确保我们的知情人有机会以自己的语言和节奏讲述其故事。当然,通过明确询问我们的知情人,可以收集叙述而不必刻意寻找。在田野调查期间,我们很可能会参加一些会话,这些会话可以提供田野中有关观点和视角的丰富信息。知情人也经常在几乎没有提示的情况下,与我们分享其叙述,特别是在已经或正在建立融洽关系的情况下。例如,在田野调查的早期阶段,人们往往热衷于确保研究者"理解"正在发生的事情。当然,重要的是要记住,所有叙述都存在于特定脉络中且从特定立场出发。

在社会科学研究中,结构式访谈和非结构式访谈之间经常有区别,人群志访谈通常被归类为"非结构式"。这不一定是一个有用的区别。

在某种程度上，所有研究访谈都是结构化事件；它们是研究者和知情人之间的互动接触，至少是由会话规范和规则构成的。人群志、质性访谈和其他类型的访谈（例如，调查访谈）之间的区别更多地与所提问题的类型、问题的提出方式以及访谈作为会话的结构化方式有关。人群志访谈是有重点的和有目的的，但也是动态和灵活的。虽然人群志学者可能会考虑重点领域，但没有必要事先知道将要提出的确切问题，以及这些问题会以何种方式提出。事实上，当研究者**倾听**并回应所说之事时，在访谈或互动中很可能会出现要探索的问题和主题。这是人群志事务中关于访谈的一个特别重要的方面。访谈是对话和流动的，尽管是在人群志探究的焦点已经设置的研究议程的框架之内。有时访谈会偏离约定的焦点，可能是知情人回答问题的方式会引发新的不同问题，或是新的讨论主题。这可能是富有成效和令人惊讶的，引导研究进入没有预料到的领域。在这种情况下，研究者的技艺就能够在保持访谈"在正轨上"与识别和探索新的探究路线之间走出一条谨慎之路。因此，倾听对人群志事业而言至关重要。这意味着真正的倾听和跟进，并不是飞快地用不顾及所谈到和所听到的内容的议程去推进一连串问题。

在进行人群志访谈时，我们并不总是或经常必须严格遵守一套固定的问题；了解你想在会话中涉及的问题类型更为常见和适切；如果要发展对情境的理解，成员的观点和经验是特别重要的领域。如果这些会话是在现场进行的，作为观察性田野调查的一部分并且事先没有规划，那么讨论的主题很可能与"现在"发生的事情或"刚刚"发生的事情有关。在这里，提问可能是微妙而直接的，提供了一个机会来跟进人群志学者和田野中的其他人以某种方式所观察和所分享的事件、行为和互动。如果有机会规划更多的访谈，或者资料生成的主要方法是访谈，那么思考要涵盖的主题和要提出的问题是很重要的。制作主题和重点领域的备忘录有助于构建对话。这也是可与知情人分享的有用信息，以便他们从一开始就清楚你的兴趣所在。还可以共同制作访谈时间表，与知情人合作就共同感兴趣的话题领域达成一致，进一步通过参与情境的社会行动者的视角来发展人群志理解。访谈不应该被设计去束缚人们或排斥人们；相反，访谈提供了在所研究之重点的脉络中去获得成员视角和观点的互动机会。

人群志访谈通常被称为深度访谈或深入访谈，表明其为生成丰富的质性资料提供了机会。这意味着采用提问风格去邀请并鼓励翔实的描述和叙述。问题应该是开放的，访谈风格应该是灵活和动态的。有一系列的提问风格和框架可用于鼓励成员叙述。斯普拉德利（Spradley，1979）为人群志访谈提供了一个非常有用的框架，这一点仍然具有相关性。斯普拉德利描述了一系列不同类型的提问风格——例如，向知情人发出非引导邀请的"游学旅行"（grand tour）式问题、一般性问题以及潜在的广域问题："告诉我这里发生了什么事情？""你能描述一下这里发生了什么事情吗？"这种邀请允许知情人以与其相关的切入点和方式开始描述。"迷你旅行"（mini-tour）式问题可用于通过询问更多关于知情人暗示或已经提及的经验或活动的特定方面的细节去跟进。此外，还有一些问题可用于扩展和探究，提供了增加细节层次的机会——要求举出实例和典范说明某一点的问题、需要对比的比较问题、能用于确认含义的澄清问题等。根据访谈的发生地点和/或手头资源，还可以要求知情人"展示"和"讲述"——通过在情境中穿行或向研究者展示现场的东西，或通过图表、绘画或其他媒介再现或重建事件、活动或经验。

除了提问风格，在进行人群志访谈时，还有其他因素需要考虑。虽然重要的是要避免引导性问题（这些问题暗示了对所告诉你的内容的判断，无论是道德上的还是其他方面的），但引导性问题对于激发对特定问题的进一步启发是有用的。虽然人群志访谈的总体结构应该是非引导性的，但重要的是倾听和提问以回应所说的内容，在这种情况下，可以使用特定的、高度聚焦的引导性问题来验证我们的理解。引导性问题应谨慎使用，并在提问时意识到问题对即将获得的答案可能产生的影响。同样，重要的是要跟进知情人在会话过程中提出的新主题和问题，而不只是继续你脑海中的一系列问题，不管新的探究线索或观察方式如何呈现自我。当然，如果你觉得知情人已经偏离了正轨，那么将会话转回到重点领域是一项特别有用的技能。

同会话一样，访谈也有言语和非言语两个方面。虽然重要的是，研究者不要主导会话，但也不应被动；应遵守通常的会话礼仪。例如，保持目光接触，并给予言语和非言语提示，以表示"你明白"，或表示你对所说的内容感兴趣（例如，微笑、点头、表示正在积极倾听的话语）。同样重要的是，要考虑访谈的地方脉络。例如，选择一个合适的地点进行访谈，在那里，知情人会感到舒适和安全，也许在那里他们会对访谈体验有一些控制，例如提供茶点或以其他方式接待你。同样，协商一个与知情人的日程和生活相适应的时间是有礼貌的，并对知情人的不便保持敏感。我们还应注意，访谈是获取和生成资料的一种手段，因此需要以某种方式记录这些资料。在可能的情况下，录音是有帮助的，但取决于你访谈的地点和访谈的人，它可能是不可能或不可取的。在参与式观察期间自发的访谈可能特别难以录音。会话可能发生在"行进中"和充满日常声音的地方。嘈杂的地方不总是能避免的，也不一定要避免，尽管这可能会给如何以易于检索的方式获取资料带来挑战（关于田野调查中声音的讨论，参见 Hall et al., 2008）。在可以录音的情况下，应始终寻求另外的许可，并尊重知情人在这方面的决定。人群志学者不借助任何类型的录音设备，而是依靠田野笔记来捕捉访谈会话，试图确保笔记尽可能翔实和逐字逐句。事实上，即使访谈会话被数字记录，笔记也能起到有益的作用。记笔记为会话中的自然停顿提供了机会，这可能对双方都有帮助。笔记还可以记录关于访谈的非言语信息，并提供确保我们倾听的策略。有一种趋势是，当事情被以技术手段记录下来时，我们会停止积极地倾听；这在人群志、质性访谈中尤其无益，因为我们希望跟进我们的知情人所提供的主题和探究路线。

人群志访谈——无论是田野调查期间正式安排的会议还是更自然的对话——对于在会面期间收集口头资料是有用的。说什么和怎么说可以为分析提供有用的线索（参见第 6 章分析性叙事）。访谈也可以被视为参与式观察的机会。访谈会面可以提供社会行动者如何呈现自我的重要洞见。参与式观察和访谈之间有一些有趣的比较点。它们没有太大不同，而且都在人群志中占有一席之地，两者都关注社会行动的表现。关于更本真的资料收集是否伴随着参与式观察，以及访谈在某些方面是不是一种更加人为的媒介，叙述可能会通过这种媒介更有目的性地做出预设,这在人群志内部长期存在着争论。事实上,访谈若是不太"自然的",这样更容易受到研究者偏见的影响。这对在人群志工作脉络中进行访谈确实是不公平的,而且也歪曲了参与式观察。参与式观察同样是互动性的和关系性的。人群志访谈利用社会行动者每天所做的来进行社会行动和"过"社会生活。它们是探索经验叙述和探索社会行动表现的适当方式。访谈可以根据共享的信息进行分析,但也可以根据知情人用来构建和讲述其故事的文化资源,以及通过这些文化调节的讲述方式可能实现的功能来进行质询。海尔(Heyl,2001,p.370)指出,人群志访谈占据了某种中间位置,"围绕着关于能知道什么(例如,科学方法能否进入现实世界?)的争论,并受到后结构主义、女权主义者和多元文化学者提出问题的挑战"。尽管如此,她指出,作为人群志的一部分,访谈在一些基本目标上达成了一致:"认真倾听",获得"对我们共同构建意义的角色的自觉","认识到持续性的关系和更广泛的社会脉络对参与者和访谈过程的影响方式",以及"认识到对话是发现,只能获得部分知识"。

社会生活纪实

大多数人群志研究都是在以某种样式和类型"记录下来的"情境中进行的。大多数社会情境都是自我记录的,因此我们可以利用档案和纪实材料作为人群志工作的组成部分之一。档案的含义(另见Rapley,2018)可能非常广泛。大多数情境将生成各种"官方"或行政记录。还有各种组织的日常档案,这些档案可能是演绎和理解社会生活的重要方式,例如会议纪要、笔记、报告和案例记录。调查可以在已发布的情境和资料中定期进行。生活档案(Plummer,2001)还可以包括日记、传记证据、地图、照片和报纸报道,这些是情境和生活的现实记述。对人群志学者来说,这些档案也可被视作资料的主要来源。除了在进行田野调查之前熟悉情境这一有用方式外,收集和分析档案也可以成为我们的人群志实践的一部分。因此，举例来说，作为人群志项目的一部分，有可能去收集现有照片或生成新照片。当然，档案不仅仅是书面文本，社会世界也通过一系列视觉材料被记录和展演，这些视觉材料通过图片和文字来构建和呈现社会世界。视觉材料的分析一直是质性社会科学中不断增长的学术活动领域（Stanczak，2007；Banks and Zeitlyn，2015；另见 Banks，2018）。罗斯（Rose，2007）提到图像的社会生命，并捕捉人类学和人群志对作为社会和文化生活持续方式的一部分的视觉材料的兴趣。关注视觉越来越被视为在人群志中制作知识的方式的组成部分之一（Pink，2007）。应该认真考虑在人群志项目中收集和生成视觉材料的方式，注意如何分析处理这些资料。正如平克（Pink，2007，p.19）所承认的，人群志中的视觉方法"可能意外地成为正在进行的人群志项目的一部分"，或者作为研究设计的部分之一，从一开始就可以进行规划。这既与可能已经存在于和归属于田野的视觉材料有关，也与可能由人群志学者、我们的知情人或通过共同制作在田野调查期间做成的视觉资料有关。

也有许多当代社会生活的数字纪实记述，例如，电子邮件会话、短信、网站、社交媒介和**超媒介**环境。这些越来越多地提供多模态的纪实，通常包括一系列的模式和媒体，包括文本、图像和声音。当然，多媒体为人群志学者提供了可能性，既有研究者记录观察结果的方式，也涉及研究者在田野调查期间能聚集到的媒介（Dicks et al.，2005）。虚拟环境和资料的数字形式日益成为日常文化生活的一部分，也有助于扩大和挑战与资料收集**和**分析有关的人群志方法。访谈和观察可以在虚拟世界和媒介进行以及通过虚拟世界和媒介进行；屏幕介导的互动生成不同形式的资料，具有不同的语言和交互性质；随时可用的技术资源拓展了把什么算作资料，以及如何在人群志中记录资料的可能性。

回到更一般的观点，技术的容量和能力是其中的一部分，各种档案在社会和文化生活中经常被书写制作、阅读、消费、存储、传播和使用。也可能有辅助资料来源，可以用来为我们的人群志研究提供信息。例如，小说可以是将情境脉络化的有用方式；早期对情境或相似情境的研究也许已经制作成了可以阅读以为新的资料收集提供信息的书面叙述。越来越多的研究者也将其资料存档以供其他研究者通过二次分析来使用;事实上,关于人群志学者可以和应该分享资料的方式存在有趣的争论和紧张关系,特别是在田野笔记的创作、作者身份以及研究者在场的脉络中(Hammersley,2009)。但是现有的人群志资料成为田野档案是有用的,现实的记述在相关持续进行和崭新的人群志探究中是能被探索的。

梅伊(May,2001,p.176)为将档案纳入我们的人群志研究实践,作为我们田野调查的一部分提供了一个令人信服的理由——"将档案解读为社会实践的沉淀物,有可能为人们日常和长期的决策提供信息和结构:它们也构成了对社会事件的特定解读"。人群志研究能从对各种档案收集和分析的谨慎和批判性的关注中受益,这些档案的种类、模式和媒介多种多样。档案包含与情境有关的社会性地(也许还有技术性地)调节过的信息。理解档案在情境中的功用以及制作、创造、撰写、共享、接收和传播的方式,可以增进我们对社会生活和社会实践的理解。

对人群志学者来说,档案是一种丰富的资源,尽管利用或生成档案资料并非没有挑战。当然档案可能并非便捷易得;共同制作视觉或其他材料也许并不合适或并不可能。同样重要的是要认识到,档案材料的创作将使用特定的文学惯例,或与艺术实践的特定形式有关。它们的制作会考虑特定的目的。从这个意义上说,重要的是不要将档案视为提供了有关情境的某种被记录下来的"真实"。相反,必须理解和分析社会生活的档案,了解它们是什么,以及关于我们试图理解的情境,它们可能告诉我们什么。各种形式、模式和媒介的档案都是社会产生的各种"叙述",以特定的方式和特定的理由再现了各种情境、组织和生活。这正是它们是宝贵的人群志资源的原因所在。

本章要点

● 人群志资料是由研究者在田野中的参与和互动生成的。从这个意义上说，资料是研究者和所研究的田野的共同成果。

● 在人群志田野调查中使用的主要资料收集技术是参与式观察和深度访谈。

● 资料收集从人群志学者与研究情境相遇的那一刻开始。在田野中的最初日子能产生重要资料并挑战我们的先入之见。

● 参与式观察者不是中立的或站在客观立场上的。人群志学者带来了他们的经验、假说和个人特征。这些应该是反思和建设性挑战的要点。

● 人群志访谈可以被有效地描述为有目的的会话。它们本质上是对话的、动态的。

● 人群志访谈中的提问方式是开放但重点突出的，被用于引发出成员的叙述。

● 档案是社会文化生活的一部分。它们可以作为人群志的一部分与其他资料一起被收集或生成。

● 社会生活的纪实可以包括书面、视觉和多模态材料，包括数字和新形式的资料。

拓展阅读

Delamont，S.（2002）*Fieldwork in Educational Settings*，2nd ed. London and New York：Routledge.

Emerson，R. M.，Fretz，R. I. and Shaw，L. L.（2011）*Writing Ethnographic Fieldnotes*，2nd ed. Chicago：University of Chicago Press.

Heyl，B. S.（2001）"Ethnographic interviewing"，in P. Atkinson, A. Coffey, S. Delamont, J. Lofland and L. Lofland（eds），*Handbook of Ethnography*. London：Sage，pp.369—384.

5

田野角色与关系

主要内容

　　研究者与田野

　　我们所带给田野调查的

　　田野中的角色

　　田野中的关系

　　离开田野

　　关于人群志和自传的一个提示

学习目标

　　阅读本章后,你将:

　　● 了解研究者的特征、认同和经历影响人群志田野调查的可能方式;

　　● 了解人群志学者在田野中或田野调查期间可以扮演的角色;

　　● 进一步理解人群志田野调查是个人性的和关系性的。

研究者与田野

　　人群志研究要求研究者介入并在场。实际上,人群志中最重要的工具是研究者。为了发展知识、记录、表达和理解,人群志学者必须把自己置于能够参与的情境中,并在情境中与人们互动。在人群志的社会人类学传统中,研究过去是、现在也可以是研究者对一个研究领域的长期和深入的介入。浸没行为可能持续数月、数年、数十年或者一生。对于一些人群志学者来说，与情境的关系是通过多次回访而发展起来的，并且可能贯穿整个职业生涯（Fowler and Hardesty，1994；Okely and Callaway，1992）。从这个意义上说，人群志可能构成了一生的工作，而这一生——研究者的一生——可能基本上被情境和参与者之间形成的关系所形塑和纠缠。当然，当代人群志实践比这种情况更为变化多样。在整个职业生涯中，研究者可能会在一系列情境中进行一些人群志研究。在社会科学和人文学科中，以及在不一定能支持那种由人类学权威所提出的长期介入的现代研究工作脉络中，人群志方法的采用已经改变了当代人群志学者在该领域的定位方式。参与式观察的周期可能相对较短，肯定很少跨越数年或更长的时间，可能只是用足够长的时间来收集有用的洞察和理解。而在时间短的地方，可能更多地依靠会话——人群志访谈——而不一定是长期的田野观察。至少乍看起来，比起长时间在一个情境中"闲逛"（hanging out），访谈似乎更易管理、更省时、更易安排。然而，研究者的立场在这些看似更有边界和范围更小的人群志际遇中也同样重要。人群志学者仍然是这些也许更谦虚的人群志研究工作的关键。我们是谁，我们所带给我们的田野调查的和实际上我们在研究过程中变成什么样子，界定和形塑了我们在田野中制作的资料，以及我们如何通过分析和书写来理解这些资料。

本章探讨田野调查的角色和关系。这包括仔细思考我们从事研究时所携带的——我们自己的特征、经历和立场如何影响田野调查的可能性。本章还将探讨我们在田野调查中可以和确实采用的角色，这些角色如何随着时间的推移和在不同脉络中发生变化，以及在我们的研究过程中形成和发展的关系。

我们所带给田野调查的

人群志研究将研究者置于研究情境之中，因此我们需要注意我们是如何适应或影响研究领域的。我们可以从两个方面有效地思考这个问题。首先，关于我们所带给情境的——那些可能对田野调查有用或有问题的个人特征、经验和想法；当我们进入情境并着手发展富有成效的田野调查关系时，我们可能会选择强调或可能需要敏感地管理。我们可以考虑研究者的立场的第二种方式，与我们在田野调查期间的经验的形塑有关，并考虑我们自己的人群志实践关系如何构造我们的田野经验和自我意识。

　　进入一个情境意味着仔细考虑了我们管理自我呈现的方式。考虑到与我们所谋求去研究的情境有关的我们的自我呈现，印象管理是很重要的。这可能包括采取非常实际的步骤，例如，注意我们的穿着——也许是为了反映我们正在研究的东西，或者减少差异——但也要考虑我们日常互动的风格以及这些风格在田野中可能需要如何调适。例如，虽然在我们的研究领域中，并不总是有必要对社会行动者的外表或言语准则有所了解，但重要的是要对我们在一个情境中可能出现或遇到的情况多加注意并保持敏感。对情境中的文化准则和规范保持敏感是有益和恰当的。当然，为了"印象管理"，我们需要了解一些有关情境的东西以及我们计划与之合作的人们的相关信息。我们最初的田野调查和范围界定的一部分，可以有效地集中于人们在情境中的呈现方式，以及因此研究者可能采取的合适立场。因此，举例来说，如果我们在青年俱乐部或国际会计师事务所进行研究，我们的着装和展示自己方式将有所不同。我在这两种情境中都进行了研究。虽然在这两种情况下我都在进行公开研究（众所周知并接受我是个研究者），但重要的是，我通过我的外表和举止表明了我了解情境的运作方式。虽然我并不渴望成为一名完全的参与者，但我对我适应的那些情境是敏感且适切的。在会计师事务所，我采用了一套与我所接触的会计师毕业生相似的着装和外表准则——西装、漂亮的鞋子、长外套和公文包。在我也进行研究的青年俱乐部情境中，我以不同的方式改变了我的外表，包括采用更休闲的着装方式，我认为这更适合这些情境。在这两种情况下，目的都是为了在研究情境中不显得太不同，并尊重人们所觉知的外表规范。但是，考虑到我个人的特征和手头的资源，此类愿望被可能之事所抵消。

当我在一家会计师事务所从事人群志田野调查时,我与会计师毕业生的年龄相近,教育经历相似。我离他们的生活世界并不遥远。我本可以轻而易举地选择他们刚开始时的职业道路。我可以在培训课程和拜访客户时融入其中。采用类似的着装风格相对容易,也是关于我如何利用自己的经验和特征来建立融洽关系和田野中的角色的更广泛考虑的组成部分。如果是青年俱乐部则必须采取不同的做法。我比年轻人更接近青年工人的年龄。我的经历和生活世界更接近那些工人而不是年轻人。对我来说"穿得像孩子一样"是不合适、不可取或真的不可能的;我不能像青少年一样招摇过市,但却由于看起来"像"青年工人,我能敏感地将自己置于情境之中。当然,这也引发了与"我们是谁"以及"我们从哪里来"有关的田野调查可能性的其他问题——例如,不是年轻人却在青年工作情境中进行人群志田野调查是可能的,但除非你是青少年,否则不可能以青少年身份作为完全参与式观察者。我们能精心塑造的外表、我们能扮演的角色、我们能建立的田野调查关系,都是由我们自己的自我意识来调节的。当然,在田野调查中管理自我不仅仅关涉着装的实用性或其他外在的标识。我们还将各种个人特征和认同带到田野,这些特征和认同可能无法改变,但可能需要在田野调查中加以管理或以其他方式加以确认。例如,我们感知到的性别、年龄和族群性等因素,可能会影响在田野中可能采用的角色以及可能形成的关系。事实上,在某些情境中,我们自己的个人特征可能会限制某些可能,或者会使访问某些情境或某些人变得困难。在许多情况下,研究者能够根据所研究的情境定位其个人特征和认同标识。很少有因为我们的身份而无法进行田野调查的情况。然而,对于如何在情境中展示自己和对情境展示自己(包括情境中的不同群体),以及我们如何能够并且确实从我们的特定位置来理解情境,可能很有必要进行批判性和创造性的思考。例如,女性研究者反思了她们的地位和性别对田野调查关系的影响。举例来讲,在泰国北部的田野调查中,胡赛因的单身状况是一个问题,她的知情人试图"把她嫁出去",尽管是善意的(Hutheesing,1993)。阿布-卢高德(Abu-Lughod,1988)讲述了她在贝都因人文化中进行研究的经历,在那里独居的年轻单身女性被认为是有问题的。

她反驳说,她总是遵循她认为合适和谦逊的着装形式,而且她特别小心地向田野里的房东描述她的家庭生活,让他们相信她住得离她父亲很近;独居的未婚妇女被认为是古怪而危险的。儿童的出现与缺席也反映在理解田野的调查动态方面。在对土耳其农村的研究中,贝里克(Berik,1996)由于被认为没有孩子而受到关注。在人们发现她已婚却没有孩子后,知情人会给予安慰,至少在一定程度上,她的田野关系是根据她生活中这种被感知到的悲伤加以处理的。

也许我们易于得出这样的结论:只有在人类学陌生的文化中进行长期的田野调查时,我们的个人生活才有能力影响田野关系。这可能没抓住要点——在所有的人群志研究中,我们个人的自我都是在场的。理解我们将如何在田野中被感知,在我们是谁的界限内应对我们是谁,对富有成效和反思性的田野调查是至关重要的。当然,在田野调查的脉络中,通过思考和强调我们自己的个人特征和身份标识,使我们超越了个人价值。在我们寻求理解的情境的个人参考框架内的,以及与我们寻求理解的情境的个人参考框架相关的认识和工作,是具有人群志价值的。例如,当你亲身体验到情境中"感知到的"性别结构时,它们就呈现出特别透明的意义,并且它们是通过你自己的体验来调节的。同样,发展对我们自己的年龄、个人地位、性取向或族群性等如何影响或有能力影响田野关系的认识,成为我们理解情境的方式的一部分。关于我们是谁以及如何在田野调查的脉络中被揭示和被处理,这些我们自己的认同事务是人群志际遇的重要组成部分,而且是一种重要的机制,我们可以通过它理解所调查的情境。

这种认同事务,延伸到我们带到田野的角色、知识和经验,以及我们如何运用这些实现人群志目的。田野调查并不总是由对特定情境而言是"陌生人"的人来做的。实际上,研究者将大量的先前的知识和理解带到田野并不罕见。当然,在长期田野调查,包括可能有很多重返情境的情况下,随着时间的推移,人群志学者也可能逐渐成为知识渊博的"局内人"。社会人类学家已经反思了他们在情境中(在时间中或通过时间)不断变化的理解、角色和关系,通常包括数年或数十年的人群志研究(Fowler and Hardesty,1994)。也有许多"在家乡"、在熟悉的情境中做的人群志的例子,并且田野调查是从求知的假设立场做的,例如,由这些职业的成员或前成员进行的职业情境的人群志。例如,护理和助产领域的从业者对护理和助产进行了人群志研究(例如,参见Davies,1994;Hunt,1987);前武装部队成员做的军事生活研究(Hockey,1986,1996);前警官做的治安和监狱管理研究(Carter,1994);社会工作者做的社会工作情境研究(Pithouse,1987;Scourfield,2003);以及由前学校教师进行的校本人群志研究(Ball,1981;Burgess,1983;Pollard,1985)。

　　熟悉和浸没(或转化)为人群志带来了特殊的机遇和挑战。在人群志中,关于熟悉和陌生,以及与所研究的情境过于接近的相对优点和问题存在着广泛的争论(参见Atkinson et al.,2003,综述)。这里就我们的目的而言,一个主要的信息是我们带来的研究认同、角色、知识和经验,构造和形塑我们的研究际遇;我们是谁会影响我们对研究情境的选择(参见本书第3章)、研究期间可能发展的关系,以及我们理解和阐明田野中正在发生的事情的方式。我们在自我意识方面为我们的研究所带来的,必须从一开始,在田野调查之前、期间和之后进行反思。定义自我的方式,我们如何在所研究的田野中定位自己,以及对自我持有反身性是人群志研究实践的重要组成部分,而不是不相干的部分。人群志的一个现实是研究者积极参与所研究的情境,以及人群志学者在田野中建立关系的可能性。长期以来,人们一直担心在人群志中有浸没或过于熟悉的危险。有人认为,过于熟悉会导致不能"观看",随之而来的风险是把活动和互动视为理所当然,而不是将其置于分析性的关注之下。也许更有效的是,重要的是要防止不承认我们是谁,以及我们是谁如何影响田野调查的现实和可能。这就要求人群志学者是反身性的实践者。

田野中的角色

　　所有的人群志研究都涉及研究者在研究过程中扮演特定或其他角

色。戈尔德(Gold，1958)概述了田野中研究者所采用角色的经典类型学，并且仍然具有当代意义(另见 Junker，1960)。戈尔德以不同程度的参与和观察来概述了角色的连续统。这个连续统包括：

● **完全观察者**：研究者脱离情境，甚至可能没有被看见或注意到，很少有把参与视作必要或机会的强烈意愿。完全的观察者角色是基于研究者不与田野或参与者互动的假设。这种立场实际上很难与人群志研究实践相协调，而且在田野中肯定很难维持。做到并保持隐形是很难的。

● **作为参与者的观察者**：研究者在情境中被确认并与情境中的人相关，但很明显只是作为一个研究者。在这里，研究者仍然处于情境中的行动和事件的外围，通过选择或机会，参与的程度有限。他们作为公认的研究者在场。

● **作为观察者的参与者**：研究者在情境中工作，积极参与提供或创造机会的活动和互动。在这里，研究者的角色定位于参与者和观察者之间，在保持研究者地位的同时成为情境的组成部分。

● **完全参与者**：研究者成为或就是情境的正式成员，充分参与该情境的日常世界；研究者的角色可能与参与者的角色无法区分。

如果这些角色可以被认为是伴随连续统而来，那么大多数人群志学者会在中间左右的某个地方扮演角色。在任何人群志项目中，很可能有机会去扮演完全观察者或完全参与者的角色是必要或适当的。例如，在项目伊始，研究者可能根本就很难或不可能以任何方式参与，而外部观察者的立场可能是最好的或最合适的角色。同样，特别是在长期的田野调查中，或者在我们已经是其中一个组成部分的情境中进行研究时，可能会有充分参与的时候，观察者的角色会被研究者和研究参与者暂时遗忘或中止。当然，就情境的诸面向而言，研究者任何类型的参与都可能有困难、危险或风险。例如，如果你正在做医院情境的人群志研究，则可能只允许你从完全观察者的位置"观看"手术室，根本不允许对该情境的活动和互动进行任何互动或参与。你可能只能从远处体验到特定事件。隐蔽研究还可以带来采用完全参与者角色的必要性，以便访问和观察特定情境。完全观察者或完全参与者的角色可能会带来也许需要强调的特定伦理问题以及方法论挑战。完全的观察者意味着一种被动性,它可能会妨碍获得成员理解情境的机会。同样,完全参与可能意味着我们开始想当然地看待事物,"看不到"将要看到的东西。

　　还有其他方式可以将人群志学者的角色或介入田野的术语概念化。阿德勒夫妇(Adler and Adler,1994)使用术语"成员资格"来描述人群志学者角色的构成方式;因此我们可能会想到研究者是:

- 完全成员;
- 活跃成员;
- 边缘或外围成员。

完全成员在情境中充分参与,并在此过程中分享价值、理解和经验。活跃成员能够并愿意随时参与活动、事件和互动,同时保持独特的研究者角色。边缘或外围成员资格仅仅意味着,当研究者与情境中的人建立关系并在田野中建立可接受的身份认同时,他们很少或根本不参与日常核心活动和事件。

　　"成员资格"的这些角色提醒我们,关于参与人群志田野调查的可能性存在着策略性和实用性的决策。当然,在田野调查中角色是如何发展的,比简单地选择合适或可取的角色要更为复杂。在田野中,我们的角色可能且经常是多样的、流动的,并且会随着时间的推移、在不同的脉络中以及在与不同人群在一起的情境中发生变化。我自己在一家国际会计师事务所进行过人群志研究,在开始田野调查之前,我几乎没有考虑过我将扮演的一个或多个角色,很少意识到建立融洽关系和尊重所研究情境的普遍必要性。虽然我正在研究的组织情境在分析和经验上对我来说是"陌生的",但我也明智地开展"离家近的"研究,在一个相对地方化的组织中,与我认为与我自己的自我意识并不隔膜的人们在一起。我熟悉情境中的"那种人"。我与作为我研究中心的会计师毕业生们年龄相仿。事实上,我曾盘算过我是否应该在完成学位学习后接受会计师培训(实际上我接受了学校教师培训)。我有会计师朋友,就我所设想的,根本上我认为将我的"田野内"和"田野外"自我意识结合起来没什么困难。然而,田野调查的现实使我在田野中发展和采用了许多角色,所有这些角色都是真实的,但并不总是互补的。我能够与组织中的大多数会计师毕业生从一开始就建立良好的关系。然而,尽管我待我所有的研究参与者以礼貌和尊敬,但我发现自己"自然而然地"地被某些人而不是其他人所吸引,而他们也被我吸引。对某些人来说,我仍然是研究者,他们是我的研究的参与者。我们相互理解,我正在做一份工作,并且对他们的工作生活很感兴趣。我和其他人在田野建立了友谊,在"工作"情境之外与他们见面,部分是为了跟进田野调查期间发生的事件,但也分享社交时间,以及最终的信任。我还参加了研究生学员们的培训,并从这个意义上说成为了一个学生。我发现自己真的很担心自己是否掌握了培训课程中教授的内容。虽然我知道,我的同学们也知道,我实际上并不是真的接受培训去做会计师,但我对"我们"设定的一些会计任务感到的焦虑是真实的,或者至少当时感觉是这样。后来在田野调查中,随着我与培训导师融洽关系的发展,以及在计划中的人群志访谈之后,我们开始讨论我们共同的教学经验——我作为"教师同事"的角色有助于建立关系并深入洞察会计师毕业生的培训方式。同样,为了进入组织的高层,我所扮演的角色在伴作的天真(表现出学习的意愿并希望真正了解比我更了解关于组织如何运作的那些人)和来自相关组织的专业人士之间蹚出了一条路。因此,在田野调查的过程中,我实际上采用了一系列不同的参与者角色。有些是我非常自觉地选择的,有些是参与者为我选择的,而另一些则是通过共同的理解、经验和个人友谊发展而更"自然地"涌现的。在其他角色中,我是老师、朋友、研究者、同学、讲师、知己和同事。所有这些角色都是由在田野中充当会计师毕业生这一身份所促成的———一个会计界的参与者,而没有(完全)成为一名会计师。而且,我也认识到或逐渐认识到,所有的角色都是在人群志必要的范围内形塑的;我仍然是一名进入田野的研究者,目的是研究,继而书写社会世界(Coffey,1999)。

天真的不胜任者之角色在人群志中具有特殊的价值。这样的角色假定了"无知"的姿态,对情境不熟或者陌生。这种立场可以让研究者有机会从假定无知的立场提出相对天真的问题,并将重点放在田野中作为知识渊博者的社会行动者身上。这样的位置可以帮助建立友善的关系,可以调解田野中的权力问题,清楚地表明参与者他们"知道"并且是专家,而人群志学者则是在学习。天真的不胜任者是一个可以采用的完全合法的角色,至少在最初是这样,尽管从长远来看可能很难维持。在长期介入田野后,不可能继续声称自己是无知的,这样做的确可能适得其反。重要的是,我们要向我们的参与者说明,当他们与我们分享他们的观点和经验时,我们对田野的理解是在发展着的。同样,在某些情境中,人群志学者已经有了明显或公开的理解(可能是由于某种内部身份),可能很难从一开始就维持这样的角色。当然,相反的情形是对情境的过于熟悉。在你所处的情境或你非常熟悉的情境中,是很难声称自己无知的。此外,在熟悉情况开始阻止你"看"和"听"的情况下,可能需要采取新的观察和会话策略。人群志中过于熟悉的道德故事是一条惯常采用的路径。这里仍然有一个广泛持有的假设,即人群志学者应该避免完全沉浸于田野和成为一个充分的成员,因为害怕缺少分析距离。在田野调查中不应该发生彻底的角色转换。过度认同已被认为是厄运和失败的信号。这一立场也可能表明,人们缺乏对非常复杂和微妙的田野关系的理解。毫无疑问,没有批判性反思的过度认同很可能导致对情境的特别片面的解读。但是有了自我意识和良好的反思能力,情况就不一定如此了。而且,我们必须认识到,所有的人群志研究必然只是曾为我们提供部分知识和理解。在田野中所采用或承担的任何角色(无论我们变得多么熟悉和自在)的要点是,为了发展理解,不要失去"看""听"和记录的分析能力。应该认识到,在人群志中,我们就是并成为我们研究的一部分,我们现在和和将来会受到我们正在研究的特定脉络的影响,并且我们受到田野调查经验的形塑。这样做在知识论上是重要的,而否认自我在田野中处于活跃的位置是无益的。从实用和理智上来说,认识到人群志研究的目的是理解和弄懂社会世界也是很重要的。我们发展和采用的角色是同情这种必要性的,但却有许多可能的角色和位置。值得记住的是,我们中的大多数人会在相对较短的时间内闯入情境和参与者的生活,因此不足为奇的是,田野调查对我们的影响往往比主人更大。我们的田野调查经验几乎肯定会比我们的参与者更能形塑我们的生活。

田野中的关系

人群志田野调查是关系性的。虽然研究情境和经验会有很大不同,但它们都有一个共同因素。研究情境和我们对其的人群志经验是社会性的和关系性的;田野是被社会行动者和研究者"挤满的"。我们开展研究任务的方式,即收集资料以便理解和弄懂社会世界的方式,是经由和通过社会互动以及与他人分享经验形成的。因此,田野调查依赖于随时间和地点而建立和发展的关系,并受其影响。实际上,如果不注意造成这种情况的关系,就很难想象有效的人群志田野调查。在某些方面,此类关系与我们社会生活中的所有其他关系相似——也许是建立在相互信任、共同经验或共同理解的基础上,或者是建立在工具性关切的基础上。同样,社会关系当然并不总是和谐或积极的。人群志的田野关系反映了我们日常关系的复杂性。田野调查的关系既是个人性的又是专业性的,就研究成功而言往往关系重大。我们的许多专业互动,也许是在工作场所,都是建立在彬彬有礼和礼貌性的泛泛之交上的。但在人群志田野调查中,这种专业距离很可能被证明是不够的。好的、富有成效的田野调查依赖于研究者对田野关系的个人投入。田野中的关系,以其多种多样的形式,在其后果上是真实的——影响资料和分析的质量以及人群志实践的生活体验。

建立融洽关系和建立恰当且有意义的关系的责任,实实在在地落在了从事人群志工作的研究者身上。就我们的研究议程而言,这些关系对我们尤其重要。这并不是要否认,关系对田野中的参与者没有意义或不会变得有意义。引领这些专业的以及可能成为个人的关系是人群志工作的一个关键特征。互惠、本真和真实是人群志学者面临的棘手问题。个人承诺和投入的不平衡可能会导致困难、紧张和潜在剥削的情况。同样,田野调查的成功可能取决于我们人际关系的质量,这一事实可能使我们处于脆弱和受害的风险之中。

田野调查关系的一个特殊方面是,我们与研究中的关键知情人发展关系的方式,以及田野内外友谊的复杂性。当然,与关键社会行动者的田野调查关系是被置于特定的文化和研究脉络中的。虽然它们可能建立在事先存在的关系的基础上,但它们是在共享田野调查经验的过程中加强和巩固的。有许多例子表明,在人群志研究过程中建立起了真正的相互间的友谊,并且确实超越了研究际遇。但是,应该认识到这种友谊可能会是复杂的。例如,克里克(Crick,1992)观察到,这种关系不可避免地具有讽刺意味,人群志学者和知情人可能合谋创作一部关于友谊的作品,但实质却是一个众所周知的谎言。克里克描述了自己与阿里的"友谊"这段经历,阿里是斯里兰卡人群志田野调查中的关键知情人。克里克认为,把阿里称作朋友或知情人会"说得过头",也会"漏掉一些重要的事情"(Crick,1992,p.177)。同样,亨德里(Hendry,1992)描述了她与幸子的关系,幸子是一位同学,然后是朋友,后来成为日本人群志研究期间的关键知情人和守门人。两者中后者作为研究合作者一起工作。对亨德里来说,定义和理解友谊的边界和可能性在知识论上很重要,但对个人来说也是困难的,尤其是因为友谊最终破裂了。

我自己在田野中的友谊经验既富有成效也问题丛生。在一家国际会计师事务所进行研究期间,我与一位重要的知情人建立了友谊,就我的人群志研究议程而言这是非常富有成效的。我们的友谊是在我的研究项目的脉络中发展起来的。如果不是我做人群志,我们就不会遇见。我们的友谊基于我们共同的观点和兴趣;我们开始在田野情境"之外"进行社交聚会,但对我来说,这些聚会是否仍然是人群志的一部分还不清楚。我想我们有一个共同的工作理解,那就是我对她的工作感兴趣,她分享了她的经验,并与我就广泛的话题进行了多次对话,有些话题与她的工作根本无关。我们讨论了兴趣和我们的私人关系。虽然我们在一起社交的时间里,我没有做详细的田野笔记,但当我晚上外出回家时,我确实发现自己在做便笺和笔记,渴望记住那些有助于我理解田野和为进一步的田野调查提供想法的洞见和解释。随着田野调查的推进,我与田野调查的朋友分享了我的一些田野笔记,并验证了我对她的日常世界的一些初步理解。对我来说,这种友谊感觉上是本真的,尽管我清晰记得我们相遇的境况。我对我们共同时光的记忆对我来说仍是重要的，不仅是在人群志方面，而且还与我个人的自我意识以及当时所发生的生活有关。我是谁和成为谁，以及我不得不承担这项研究的能力，都得到了这种友谊的加强和巩固。当然，我不可能知道她是如何看待我们的友谊的。而且很明显，这种友谊基于我初步和后继的研究议程。她既是我的朋友，也仍是我的关键知情人。当我们有个人意见分歧时，我知道我非常清楚我的研究任务，并且总是很快做出弥补或推动会话（反思比平时快得多，即使是与非常好的老朋友）。在研究结束时，特别是在我离开田野并撰写我的人群志（或者那应该是我们的人群志？）之后，友谊的本真性受到了考验。从人群志学者和知情人的立场出发，我们发现我们就田野中所发生的事情，尤其是我对某些事件的阐释和分析存在分歧。我们友谊的失衡变得明显和清晰。我所写的我的关键知情人的工作和生活，是为学术受众而不是为她写的。我的书写和分析是针对她的经历，但却不是为了她，而（也许）是为了我。这是我的人群志，她在其中起了主导作用。对我们两人来说，田野调查的脉络创造、促进并最终限制了我们的友谊。如果我们不被田野关系所束缚，也许我会更愿意挑战和争论，并为我们个人的友谊而奋斗。相反，搁置争议似乎更为恰当和专业。也许，我们两人都误认为友谊在田野调查之外，而不是其中的关键部分。人群志曾成就我们，也曾阻碍我们。虽然我们彼此信任，并分享我们生活中的亲密方面，但我们俩也开始理解我们建立友谊的方式。友谊的互惠基于我们在田野中的相对地位和就田野而言的相对位置；在田野之外维持我们的友谊很困难，因为我们不能，或者可能不会调和我们的田野调查自我和我们的其他自我。

人群志友谊是复合且复杂的。它们可以而且确实存在，重要的是它们被认作人群志行动的一部分。它们也有助于提高我们对人群学实践的一些二分法的认识——例如，我们如何在距离与亲密、卷入与分离的空间之间协调或必须协调。在田野的友谊和对田野的情谊有助于引起人们对进行人群志田野调查的一些紧张和乐趣的关注，并可用于加强我们进行批判性反思的能力。它们也是一个有用的出发点，提醒我们关系对人群志研究行动的重要性,并且需要仔细考虑和反思这种关系本身和它们留下的痕迹。在整个人群志研究过程中,我们积极参与在个人关系脉络中形塑和调解自我。此类关系也是我们发展知识和理解的工具。在/对田野的关系受到我们所带来的以及我们所遇到的那些文化规范和期望的影响和框定。正是这两组人之间的互动成为学习的有效要点。正是通过对田野中社会关系的认真协商,我们才能了解我们所寻求理解的田野。事实上,我们甚至可以说资料生成和分析依赖于我们形塑有意义关系的能力以及我们对在当地和文化上如何形成这些关系的理解。

当然,就像在生活中一样,并非所有田野调查的关系都是积极的、肯定生活的或必然富有成效的。我已经提及,关系可能会变得紧张或复杂;而且,田野调查的关系往往处于真实与虚妄之间。它们是不真实的,因为它们通常(至少在最初)是由研究者为了完成研究而预设的。但是,预设并不一定意味着缺乏相互尊重或真正的感情。人群志学者可以真诚地希望发展相互间有意义的关系。同样,知情人可以发展相互尊重,并就良好关系的价值开始达成共识,以"讲述他们的故事"或分享他们的社会世界。但是,在田野关系方面仍有限制。所有各方都可能将维持关系视为"工作",作为研究项目的构成部分,研究者和参与者都有共同利益关系。不管怎样,我们不能也不应该将这种关系仅仅看作有目的的工作。人群志田野调查所产生的关系可以而且确实具有真正的情感购买力;我们的田野调查关系的结果和影响是重要的。人群志学者写下了他们在田野调查中发现的真正的友谊、承诺、甚至爱情;而在贬损之处同样存在着痛苦、内疚、背叛和伤害,甚至仇恨等真实感情(参见 Coffey, 1999)。

人群志学者很少能在不被经验以某种方式加以影响的情况下完成田野调查。田野调查的实质,以及其内在的关系品质,几乎总是需要一定程度的情感投入。因此,重要的是,我们认识到有必要将田野调查的关系视作个人的和专业的关系——遵循不同的规则,不是我们纯粹的个人关系,而是主观地形塑的关系。田野调查的相关方面涉及实用性和情感性的制作。

离开田野

在方法文献中,与例如有关通往和进入田野的内容相比,对离开田野或结束田野调查的关注相对较少。研究者特别注意记录田野调查结束之处,通常是该研究情绪特别激动和特别难以分别之时。例如,坎农(Cannon,1992)写了一篇特别感人的记述,她结束了对患有癌症的妇女的田野调查,并在那里建立了她难以舍弃的个人友谊。当坎农结束她的研究时,她觉得她不能完全离开田野;坎农和她的知情人业已建立的友谊和投入的情感意义重大,并且超越了特定研究际遇的脉络。

若有人提离开田野的建议,问题出在讲求实效而不是针对个人。当然,因为时间已经用完或由于其他类似的研究需要,有一些有用的与结束研究项目有关的礼仪标志。例如,洛夫兰夫妇(Lofland and Lofland,1995)提供了一系列关于告别研究情境和参与者的实用建议。这个建议包括让人们及时了解你的计划,避免过于突然和/或没有解释就离开,解释你下一步要做什么,在可能的情况下当面道别,并承诺保持联系(然后在适当和可能的情况下这样做)。这似乎都是合理的建议。在可能的情况下,应谨慎规划离开田野,就像通常谨慎管理进入田野一样。结束田野调查应始终礼貌地完成。然而,同样重要的是要认识到离开田野可能是一种情感体验,即使田野调查似乎并不是特别激动人心。当然,完成田野调查可以是一种解脱,感觉如释重负也是没问题的。田野调查是一项艰巨的工作,既费时又累人,而且消耗智力和体力。随着田野调查的结束,我们还可以体验到一系列其他情感。离开田野可能意味着离开人们,有时是朋友,也往往标识了我们自己职业或生活中的顿悟。例如,社会人类学博士生描述了一个充满陌生感和个人失落感的后田野调查阶段(Coffey and Atkinson,1996)。从田野归来意味着一个时期的结束,以及你的工作、事业和生活的一个新阶段的开始。对一些人来说,田野调查使他们远离家,离开田野也可能涉及搬迁、收拾东西、搬家或搬回来的身体行动。对我们所有人来说,田野调查的结束意味着继续前进。斯特宾斯(Stebbins, 1991)认为我们从来没有真正离开过田野,而且我们总是以某种方式保持联系和卷入。田野调查成为我们现在是谁和将来永远是谁的一部分。然而,正是离开的这一行动让我们能够记住和反思——地点、人群、时间和我们的自我意识。离开也意味着以一种新的方式了解田野,通过阅读、重温和分析我们的田野笔记和文字稿,以及通过我们的书写实践。从这个意义上说,田野调查的结束可能并不真正意味着"离开田野"。但它确实提供了物质上和时间上的分离,以及与情境和在该情境中的社会行动者之间的一种新关系的划分,可能基于记忆、复述和再现。

尽管有最好的建议,但离开田野可能是漫长和混乱的,也许没有明确的分离时刻。对一些人来说,可能是渐行渐远,而不是清晰的离开行动。然而,大多数的结束都是分段且连续的,而不是计划着突然结束的田野调查。但即使在田野调查分段结束的情况下,准备离开田野并考虑管理田野调查之后的关系和自我也很重要。田野调查有一种现实性,在场的行动本身就提供了具体的结构和意义;结束田野调查需要重新定位。从某种意义上说,我们永远不会离开田野,因为那意味着要离开我们的过去和我们的记忆,以及我们自己的某些东西。离开的意义和它的象征交织在一起。离开意味着我们曾在那里。

关于人群志和自传的一个提示

在本章中,我聚焦于人群志田野调查的角色和关系,并主张我们不应脱离我们所研究的情境和人群。认识到研究者是人群志工作的核心,以及有效地理解研究者与进行田野调查的地方和人群之间的相互关系,有重要的启示作用。因此,这为理解和反思作为研究过程一部分的自我提供了理由。

当代人群志的实践在人群志的脉络中更加坚定地重塑了自我。**自传人群志**[autoethnographic,有时被称为人群-自传(ethno-autobiography)]是指一种独特的研究实践形式,侧重于将人群志作为自传;也就是说,使用人群志的方法及其敏感性来明确和自觉地研究自我(Ellis and Bochner,2006)。这与其说是指人群志研究行动本身,不如说是指将人群志文本的书写作为理解我们自己的生活经历的一种手段。自传人群志将我们自己的经验纳入人群志分析(参见本书第8章)。然而,这里值得争辩的是,所有的人群志工作都涉及某种程度的**自传式**(autobiographical)实践,无论我们是否认同**自传人群志式**实践。人群志学者的生活就是体验他们从事的田野调查,并与之相关;资料收集、分析和书写利用了从事这些任务的人群志学者曾经和正在经历的生活,并受其影响。这与从自我和我们自身经历出发的研究和书写项目是不同的。利用我们自己的经验和生活可能是富有成效的,因为它为我们提供了一个体验和理解复杂社会世界的透镜。从我们的所在出发,在选择有个人意义或有用的研究主题和情境方面,我们也可以是富有成效的。尽管如此,这里的关键是对我们的生活与我们寻求理解的他者生活之间的关系保持反身性,以及通过经验和观察的结合来理解复杂社会世界的人群志必要性。

本章要点

● 人群志有赖于研究者在一个情境中建立角色和关系。

● 人群志学者将其个人特征、经历和认同标识带到研究中。这些需要在田野调查中得到承认和反映。我们的认同可以限制或提升田野调查的可能性。

● 人群志中可以采用的角色可能是多种多样的。它们将包括或多或少地参与情境中的日常社会世界,并且可能随着时间而推移,抑或根据情境中的不同群体或区域而变化。

● 人群志田野调查是关系性的和个人性的。在田野中建立的关系会影响我们的经验、理解和自我意识。人群志友谊可能是复杂的。

● 离开田野是人群志过程的重要组成部分之一。

● 人群志研究可以被看作一种自传式实践形式,在其中并通过它,生活成为了生活。

拓展阅读

Coffey, A. (1999) *The Ethnographic Self: Fieldwork and the Representation of Identity*. London: Sage.

Davies, C. A. (2008) *Reflexive Ethnography: A Guide to Researching Selves and Others*, 2nd ed. Abingdon, Oxon and New York: Routledge.

Ellis, C. (2004) *The Ethnographic I: A Methodological Novel about Autoethnography*. Walnut Creek, CA: AltaMira Press.

6 人群志资料的管理与分析

主要内容

开始资料分析

关于资料组织与管理的一个提示

寻找模式和意义

叙事、隐喻和象征

分析与理论化

计算机辅助分析

学习目标

阅读本章后,你将:

- 更好地理解人群志中资料收集、资料分析和理论发展之间的关系;
- 了解资料管理支持资料分析的方式;
- 能够确定人群志资料分析的补充策略;
- 能够描述通过资料分析如何确定和质询模式和主题;
- 理解分析叙事和口头资料的不同方式;
- 能够确定计算机辅助分析质性资料所提供的机会。

开始资料分析

资料分析(另见 Gibbs,2018)不是,也不应该是人群志研究的一个单独阶段。相反,在资料收集和资料分析之间有着持续的对话;这个过程允许研究者来回工作——从收集资料,到将资料组织成支持生成想法的顺序,再到进一步收集资料以探索和发展这些想法,等等。实际上,在人群志中真正开始类型分析是先于资料收集的,因为为了规划田野调查,我们要划出范围并进行初步调查。在我们着手系统地收集资料之前,我们通常会有关于或涉及田野的一些想法。在人群志研究中,当务之急是考虑一个宽泛的框架,然后逐步聚焦在田野中的资料收集上,以发展我们的想法并获得分析性的抓手。随着时间的推移,因为我们对研究情境的理解不断加深,我们将集中精力于活动上,在资料收集方面变得更有目的性,并对调查范围进行微调。这种逐渐聚焦的过程依赖于我们对资料的早期智力介入,以及采用有助于思想发展的策略。这一需要去做的工作就是分析。在实践中,在进行田野调查的同时,很难制定出系统有序的资料分析方法。田野调查可能是紧张和耗时的,我们的研究设计通常没有或不能在资料收集过程中建立足够的时间来进行持续的分析反思。实际上,在田野调查期间处理和组织我们的所有资料(可能包含笔记、转录、档案、视觉材料、录音和其他材料记述的组合)可能是非常困难的。然而,重要的是,田野调查总是包含一定程度的反身性和思考时间;从收集的资料中很早就涌现出了想法的生成,而且经常发生;因此,在我们离开田野之前,分析工作不会停止。一旦我们不再有通过田野调查介入情境的立场和进一步收集资料的机会,就很难检验想法、寻求新的探究路线和跟踪资料中的兴趣点。综上所述,对人群志资料的系统和最终的分析将在田野调查资料收集的密集时期进行。对资料的系统关注,即使用各种策略来分类、呈现和检索在田野中收集的材料,为思考我们的资料和以我们的资料进行思考提供了框架和空间。资料分析需要寻找富有成效的方法来组织和重组资料,以便生成主题和概念,这些主题和概念可能具有解释性和描述性的价值。

在人群志中,进行资料分析有许多方法,可以利用各种路径来协助完成分析任务。分析策略的选择是个人的选择,但应始终遵循原则,并基于对有用或可能的另类策略的理解。而且,还需要意识到,分析中的选择也会对我们的研究成果产生影响,也形塑了对所研究的情境可以谈论些什么。分析是一个过程,可通过这个过程阐释资料、提出和检验理论。阐释将导致不同层次的描述——使模式、主题,甚至不合常规的事物能被确定,并构建丰富的描述性叙述。大量的人群志作品停留在描述的层面上;作为提供对日常世界的分析洞察的一种方式,能够提供经验丰富的对情境和社会行动者的浓描是很有价值的。然而,也有可能用人群志分析超越描述,发展理论性或解释性概念,开始解释以及描述所研究的现象。

如前所述,人群志资料可以采取多种形式;通过人群志研究实践生成和收集的材料多种多样。任何一个资料集都可能包括田野笔记、访谈转录、照片、电影、录音、人工制品和档案。分析这些资料的路径、实践和方法也多种多样。分析路径为艺术和科学的结合提供了手段,两者对人群志工作都很重要。人群志分析是巧妙的,因为它是创造性的,而且可以是好玩的。分析运用我们的想象力。虽然分析潜藏着创造性、想象力和扩展性,但它是通过系统、稳健的技术和实践实现的。比方说,在分析中展示我们的"工作方法"是很重要的,也就是说,必须弄清楚我们是如何为了我们的阐释和结论来处理资料的。创造性的系统分析能够以捕捉我们研究场景之复杂性和细微差别的方式对资料进行描述和阐释。在更为一般地描述质性资料的分析时,特斯克(Tesch,1990)发现了一些超越所选择的任何特定分析技术的共同特征。分析应该是循环往复的和反身性的,系统的但不是僵化的。分析提供了将资料分成有意义的单位的机会,但要保持与整体的某种联系。分析是由资料导引的,是以从资料本身衍生出来的方式组织起来的。质性研究中的资料分析应是有法但无定法,既富有想象又严谨细致。

在本章中,以下是利用质性探究的原理和实践对人群志资料分析的一些技术和路径的描述,目的是表明,可以对人群志中的资料分析做出原则性的选择,并且不同的路径将有助于进行不同种类的分析工作和阐释。本章的焦点主要是对文本人群志资料(例如,田野笔记、转录和档案)的分析,而不是其他资料模式(例如视觉资料)的分析。但是,引介的总体原则适用于所有资料类型。本章还讨论了分析和理论化之

间的关系,以及计算机软件如何辅助人群志资料分析(另见 Gibbs,
2018)。

关于资料组织与管理的一个提示

在人群志研究项目的过程中,重要的是资料被组织和管理的方式,
它将有助于分析和想法的生成。资料可能包括田野笔记、访谈转录、田
野中收集的档案,也可能包括田野调查的照片和其他人工制品。人群
志资料集还可以包括我们可能在研究过程中做的分析笔记。当我们着
手撰写田野笔记,或阅读研究领域的或关于研究领域的档案,或聆听和
转录人群志访谈时,我们已经开始有了分析的想法。我们在进行过程
中注意和记录这些想法是很有用的。此类分析笔记可用于指导进一步
的资料收集,在分析的主要阶段里也将被证明是对资料的有益补充。

关于人群志资料管理,一个好的起点是制定一个按时间顺序组织
资料的方案。这是一个从研究项目伊始就该养成的良好习惯。然而,
随着项目的进展,可以考虑用其他方式组织资料;可以大致上按主题、
情境的不同区域、该情境内的社会群体、一些其他类别集合,这些类别
集合似乎是组织这些可能是一组复合的和多层面的资料集的明智方
法。重要的是,这种分类有助于有意义地组织资料(资料管理必须对人
群志学者有意义),并有助于在田野调查期间和之后的资料检索和系统
分析。值得注意的是,这些最初的和持续进行的组织策略实际上是分
析过程的一部分。为了组织和管理资料,有必要与这些资料进行对话,
并基于我们对可能有用的分类和描述田野方法的想法,找出呈现和再
现资料的方法。

许多人群志学者现在利用计算机和数字技术来存储和管理资料,
这些资料在形式上可能是多模态的。许多通用且便捷应用的计算机软
件包(例如,常规文字处理和电子表格应用程序)具有良好的功能,并附
带帮助存储、组织和处理文本与视觉资料的功能。还有一系列定制的

软件应用程序,专门用于支持质性资料的管理和分析。无论其分析潜力如何(本章稍后将详细介绍),此类应用程序都提供了各种框架和结构,用于管理和组织复合的质性资料集,以支持对资料的密集阅读和重读。但用计算机技术来管理人群志资料并不是必需的。当然,手动组织资料文档是完全可能的。这可能包括使用索引卡片、纸质文件或文件夹、彩色编码或其他形式的标签。在田野中有时可能无法或不希望使用计算机和/或生成数字形式的资料,尽管我们区分出了在田野中生成的资料和我们在田野之外重构与阐述的资料。例如,田野笔记可能包括满是铅笔笔记、涂鸦和素描的笔记本,以及经过丰富的描述性处理的笔记,这些笔记是在田野调查之后整理、加工和打印出来的。我们的资料组织系统需要考虑资料的不同形式和模式,以及在以不同方式呈现的资料之间或跨资料工作的可能性。无论是所呈现的不同种类的人群志资料,还是个人对资料管理的偏好,原则是一样的。资料最好是以系统和有条理的方式来组织和存储,但不要过于死板,导致为了在分析任务期间进行资料展示和再现要关闭新领域。人群志的资料管理应:

- 事先规划。
- 在田野调查期间进行,而不是留待田野调查结束时进行。
- 是系统的和灵活的。
- 易于检索和处理资料。
- 方便各种资料展示。

寻找模式和意义

人群志资料的分析通常始于主题和模式的识别。这通常需要在识别潜在的、有意义的概念或想法的基础上制定一种实用的资料编码和分类策略。这类主题分析依赖于将通常是一个大型且复合的资料集划分成更小、更易于管理的单位进行分析。这个过程通常被称为"代码与检索",表示它涉及使用"代码"(例如,范畴、索引、主题)以某种方式标记和组织资料,然后能够根据指定的代码"检索"(查找或分组)资料。术语"编码"可能意味着一个相当初级和机械的过程。编码(另见 Flick,2018d;Gibbs,2018)实际上可能相当复杂、创新和细致。然而,重要的是要注意到,编码本身并不是资料分析;相反,编码提供了一种对资料进行严密和严格审查的手段,并且是可以通过其生成概念和想法的先驱过程。

为资料指定代码或标签提供了在众多组成部分中思考资料的机会,但也使我们能够开发跨越资料和介于资料之间的链接。卡麦兹将编码描述为"用一个标签命名资料片段,同时对每一资料片段进行分类、概括和说明"(Charmaz,2006,p.43)。然后,通过编码可以将资料片段放在一起并以新的方式链接。这样的链接不一定必须是按时间或顺序的。可以在不同的资料单位之间建立链接,以便发展概念、探索阶序、寻找模式并考虑不合常规或例外的情形。正是这些代码和范畴之间的资料链接支撑着与编码相关的分析工作;这就是如何积极使用代码和范畴以便质询和阐释手头资料的方式。

在人群志和质性研究中可以使用多种路径进行编码,甚至概念化。迈尔斯和休伯曼将编码描述为"分析的活儿"(Miles and Huberman,1994,p.56),并强调编码的价值在于使资料能够以有助于批判性反思的方式进行区分和组合。在这种表述中编码是一个过程,使有意义的资料能够在阐释之前被识别和组织。从这个角度来看,编码可以提供一种简化资料的方法,是一种为了将资料简化为关键点和概念的索引形式。这种方法的结果之一是质性资料可以被准量化地处理。例如,对现象的实例进行清点并在整个资料集中对不同代码的相对出现进行描绘是可能且有用的。塞德尔和凯莉(Seidel and Kelle,1995)指出,从这种角度来看,代码是启发式使用的,因为我们不仅仅是在任何过于简单的数字或抽象意义上进行"清点"。相反,将资料"化约"为代码和范畴,然后使用这种简化来识别实践模式,为探索、调查、挑战和重新编码资料提供了机会。

当然,编码不仅仅可以化约或减少资料的构成部分,编码还使研究者能够"仔细检审资料并与之互动,以及针对资料提出分析性问题"

(Thornberg and Charmaz，2014，p.156)。编码可以用来重新概念化、开放、转换和重新思考资料。例如，施特劳斯（Strauss，1987）非常清楚，编码是一种分析过程，通过它可以使资料变得复杂和扩展。施特劳斯认为"编码"是质性研究中分析任务的重要组成部分。他将最初的编码过程（他称之为"开放编码"）与使用编码生成概念框架的更为翔实和细致的过程联系起来（Strauss and Corbin，1990；另见 Glaser，2001）。从这个视角来看，编码通向质询和猜测，以及施特劳斯所说的轴码（axial coding）——编码和对编码的操作使人们能够探索资料和田野调查本身的后果和前因等因素。从这个观点来看，编码不仅仅是简单地给资料分配范畴，当然也不仅仅是"清点"相关现象。通过仔细阅读和关注资料的细微差别，敏感而详细的编码可以通向概念化、质询和发现。

我们可能应用于资料的代码和范畴可能有多种来源。关于什么是合适的编码框架而什么不是，并没有硬性的和便捷的规则，尽管良好的反思度总是很重要的，尤其是这样，我们才不会开始视而不见或忽视资料中那些似乎与我们的编码策略"不符"的方面，同时也不会因为代码看起来不言而喻或显而易见而将阻力降到最小。编码框架最初可能是基于对资料的首次粗略阅读而发展出来的，并且是相对于立即呈现给研究者的潜在兴趣而言的。特定的事件、活动、语词、人群、地点或过程可能出现在资料本身中，或者实际上是从资料本身跳出来的，这通常是一个很好的起点。但是，还有许多其他的方法可以用来发展编码框架，在实践中，我们可以使用各种策略在分析过程中生成代码。例如，范畴和编码框架可以来自：

- 预示性研究问题或田野调查前确定的问题。
- 该领域的前人研究，或在某种程度上具有可比性的研究。
- 源于研究文献的概念。
- 现有的理论或概念框架。
- 社会行动者自己使用的或以其他方式出现在田野的地方范畴。

这些只是建议。需要注意的是，发展或应用代码没有正确或错误的方法。对资料进行编码和分类是思考的工具，研究者应为此目的选择这些工具。代码和范畴是由研究者创建的,可以在我们处理资料时进行调整、更改、扩展,甚至放弃。编码有助于分析和阐释;是达到目的的手段而不是目的本身。代码可以被应用、查询、质疑和修改。编码也经常与资料呈现策略并驾齐驱。思考资料可能的呈现方式,包括与我们正在使用的代码和范畴以及在编码过程中涌现的主题相关的方式,可以成为密切关注资料以及在资料集中和跨越资料集的关系的有用方法。人群志和质性资料的资料呈现有多种可能性。例如,矩阵和表格可以是呈现编码框架的非常有用的方法,允许使用简单的方法来探索简单关系的比较。同样,树结构和其他更复杂的图表可以用来呈现潜在的不同层次的资料,提供了用我们的编码框架去探索阶序或其他关系的机会。

代码与检索过程是管理和组织人群志资料以及探索资料内部和跨越资料的关系很重要的方法。随着计算机辅助质性资料分析策略的发展,资料编码得到了很好的应用。定制软件的开发和使用已超过30年,当代应用程序支持越来越复杂的资料组织、管理和呈现方式(Silver and Lewins,2014;另见本章后面内容)。然而,虽然编码和分类资料以支持资料管理和主题分析在人群志研究中很重要,但也可以利用其他分析策略。

叙事、隐喻和象征

人群志中的分析任务可以由一系列特别侧重于访谈、会话或档案资料的策略和技术来支持。叙事分析就是这么一种处理质性资料的路径,非常适合于对经验的诸种叙述的分析。因此,叙事分析策略为人群志访谈和对话的质询提供了可能的路径。作为人群志学者,我们经常会从知情人那里收集叙述和故事。这可能是"自然地"发生在"日常的"会话中,而这些会话通常是田野调查整体的组成部分之一,也可能是通过有计划的研究访谈更有目的地生成的叙述。会话和人群志访谈资料的故事性或叙事性为分析提供了机会——借助正式的语言叙事分析，以及理解叙事形式和功能的其他方式。这种分析不依赖于资料的精细划分或编码，而是强调将较大的资料单位（如整个访谈或访谈的实质部分）作为一个独特的实体来对待。这样，叙事分析可以帮助发展理解叙述是如何构造的，以及叙述在经验的描述和理解上可能扮演的角色。

借助社会语言学的作品，对叙事和故事进行文学分析是有正式路径的。拉波夫发展的路径就是这样的一个例子，并且已在质性研究中使用（Labov, 1972, 1982; 有关实践案例，参见 Cortazzi, 1993）。拉波夫特别关注叙事的语言特征，发展了一个框架来考虑叙事正式的结构和性质，以及叙事可能发挥的社会功能。社会语言学认识到叙事结构具有重复的、可识别的模式，并且认识到关注这些模式可以提供一种阐释叙事形式的手段。虽然质性研究者们已经发展了一系列叙事分析的路径（参见 Elliott, 2005; Riessman, 1993），但这些路径不仅仅是关注结构，对叙述感兴趣的研究者普遍认为，关注叙述性解说的结构是有帮助的，这不仅是因为它迫使人们更广泛地分析聚焦于所说的话、那些话是如何说的，以及实际上为什么要说那些话。询问所有人群志研究者可能感兴趣的是什么、如何感兴趣以及为什么感兴趣的意图在于从田野中的社会行动者的视角来理解社会情境。

拉波夫提出的模型提供了一个剖析和质询叙事结构和功能的框架。它是通过提出一系列问题来实现的；这些问题使我们能够关注叙事结构的各个单位，而且重要的是，这些单位如何以有用和有意义的方式协同工作，以便"实践"和"理解"社会和文化生活。就结构而言，拉波夫（Labov, 1972）指出，叙事通常以"摘要"开始——一种提供一些开放性脉络化的陈述，预示着故事的开始，也许还指出了叙事的内容和对象。然后，大多数叙事将试图"定位"（orientate）受众，提供能使叙述置于社会脉络中的信息。要质询一种叙述，我们可以寻找这种定位的标记——问一些问题，比如："这个叙述是关于谁的？""这个叙述是关于什么的？""所述的是什么时候发生的？""在哪里发生的？"

定位之后，拉波夫的模型寻找"复杂性"。这是叙述的核心，我们可以从中提出诸如"发生了什么？""透露了什么？""曾发生了什么和是怎么发生的?"之类的问题。在寻找和确定这些问题的答案时,我们不仅可以开始探索叙述如何被讲述,而且可以开始探索为什么叙述被讲述。在拉波夫的模型中,在复杂化之后是"评估"——这是我们寻找叙述目的所在的方面,尽管这可能通过不易察觉和细致有别的方式。在质询叙事的评估目的时,我们可能会提出这样的问题:"那又怎样?""为什么重要?""你为什么要告诉(我)这个?"叙事也有结尾,我们可以把分析重点放在这儿。按照拉波夫的框架,结尾将包括"结果"("那么结果是什么?""怎么结束的?""事情在哪里结束?")也可以包括"尾声"(短语或句子的转折,或非言语标记,表示叙述已经结束)。

此处我们的分析关注点不是这些叙事单位的明确线性或时间顺序,事实上,在访谈或会话中讲述"故事"的过程中,每一个叙事元素都可能出现并重复几次。在得到任何"结果"之前,故事可能会包括一些"复杂性"和"评估"。故事可以是多层次和多面向的。故事中可以有故事。相反,关注叙事结构分析的启示在于,它提供了一种使我们的资料受到仔细而系统的审查的方式,为思考和使用我们的资料提供了框架。从这个意义上说,叙事分析与使用代码和范畴的人群志主题分析没有太大区别。拉波夫的叙事分析框架,即使是非常简单的应用,也使我们能够反思,也许是通过人群志访谈或会话产生的叙述是如何结构化的,同时也提供了一种机制,我们可以通过这个机制反思故事的原因或功能。这又回到了我们在人群志中分析的必要性——在思考"讲述"的结构和功能时,我们能够深入了解日常叙述实践以及我们的知情人和参与者社会性地构造的现实。

叙事在特定的社会和文化脉络中,具有隐含或明确的目的。因此,进一步探究在田野调查期间生成和收集的叙述的功能性质,在分析上是有用且重要的。叙事可以通过共同的参考框架提供一种记录生活经历的方式。叙事可以确证、颂扬、警告或羞辱。它们可以是自我夸耀的,也可以是自我参照的。它们可以分享成功,帮助解释失败,并被作为一种道德故事讲述。这里的重点是,我们不应试图通过一种过于简单的分析,或基于我们自己的假设来强加意义。相反,我们应该警惕在人群志研究实践中,特别是在我们的方法以叙事形式生成资料的情况下,密切和系统地关注"讲述的方式"和"讲述的理由"的分析能力。

对叙事的关注表明了田野中的社会行动者对语言使用的分析兴趣。社会行动者如何通过语言传递意义,可以通过多种方式来探索。例如,口头互动应用语言、修辞和语义手段,并通过这些手段来构建,关注这些可以产生深刻的分析。也许在分析来自田野"自然发生的"互动的人群志资料时尤其如此,尽管对语言细节的关注也可以与人群志的访谈资料,甚至来自田野的档案的分析相关。隐喻手段如比喻、明喻、类比和其他比喻意象,就是一个很好的例子。隐喻可以被描述为语言的再现手段。使用隐喻可以让社会行动者利用共同的特征和理解。从分析的角度看,隐喻可以从不同的立场来探讨。例如,我们可以探究隐喻的感知意图、使用的语义模式以及隐喻陈述的文化脉络。我们可能会发现自己对隐喻手段的功能(它被用来"做"什么?)以及意义,或在其使用中内在意义的分析兴趣。隐喻在社会互动中和研究际遇中的使用可能是启发性的,特别是如果我们考虑使用隐喻的文化和社会脉络则尤其如此。隐喻可以提供表达共享知识、价值观和认同的方式,因此,隐喻可以根据所使用的语言/术语、所隐含的共同特征或知识,以及隐喻在日常实践中的构造、利用和展现方式进行质询。

隐喻是探索语言和词汇的一种方式,是发展对所研究领域的分析理解的一种手段。语言更普遍地被用于以特定的方式来传递共同意义,因此对人群志学者来说可能具有重要的吸引力。隐喻只是语言"象征"在社会和文化脉络中广泛使用的一个例子。因此,我们可以通过对日常社会生活中语言中的符号和象征进行更全面、更细致的探索,来发展和扩展我们对语言的人群志关注。例如,在某些情境和状况下,关注社会行动者使用的"民间术语"可能具有分析价值:特定于该情境的特定语言和术语;使用的语言象征,当它们产生时他们参照的术语;以及地方意义是如何通过这些语言手段被编码的。这种对地方语言和情境语言的详细分析提供了一种探索田野情境的隐性文化知识的特殊方式,被更正式地称为"领域分析"。如此一来,焦点就在作为文化展现的语言上了。进行领域分析有正式的和技术性的方法,可以将分类法和网络关系刻画出来（参见 Spradley，1979；Coffey and Atkinson，1996）。这些技术扩展了确认地方术语和白话作为探索和理解日常社会情境和体现的一种手段之一般原则。在人群志中通过其自身语言学术语来探索研究情境是重要的分析能力，但我们应该始终注意不要强加自己的意义和意象。人群志关注语言的要点在于探索社会行动者如何将意义附加到他们的语言和表达形式上。这一路径可以被反身性地用来将地方语言置于其社会和文化脉络中。

分析与理论化

理论化是人群志分析的一个关键方面。实际上，我们不应该把理论化设想成一个单独的活动，以区别于资料分析（或者实际上看作一个独立于研究设计和资料收集的活动）。在人群志中，资料分析的策略和技巧为我们提供了思考资料以及用资料"思考"的机会。这种思考过程可以基于对资料的系统性和分析性的介入，但也应该是具有创造力和艺术性的，可以使想法得以生成和运用。想法是理论的基石和构成要素。通过分析的过程和技巧，密切关注我们的资料，使我们能够用我们的资料思考和思考我们的资料。理论化还意味着扩展和超越我们的资料，发展、运用和检验能够进一步介入研究领域的想法。在此脉络中，戴伊（Dey，1993）提供的理论定义是一个有用的定义。戴伊将理论"简单地描述为关于其他想法可能如何关联的一种想法"。以此为出发点，我们可以很容易地看到分析和理论化的过程是如何在人群志实践中交织在一起的。当然，想法是整个人群志事业的组成部分。我们利用自己的想法和其他学者的想法，来发展我们的预示性问题，选择我们的研究地点或感兴趣的话题，并指导我们在田野中的资料收集策略。我们的想法（我们的理论）也将指导我们的分析策略、我们确定和编纂洞见的方法——我们将发展自己在田野中所持续发生的想法，并想要与我们的关键知情人和其他参与者一起检验这些想法。我们也知道，我们为我们的研究带来了公认的和新兴的理论框架。这些框架可以用来指导、挑战和概念化资料收集、资料分析，以及我们的研究经验。这些理论框架可以包括人群志经常和最易定位的思想流派，如互动论、现象学、女性主义和批判研究（参见本书第 1 章），也可以包括其他不同的路径（例如，心理社会研究，参见 Woodward，2015）。使用想法——理论——无论是隐性的还是显性的，都是人群志研究过程中不可或缺的一部分。我们将想法纳入资料收集和资料分析；我们扩展和检验现有想法，并生成新想法来描述和试图解释我们正在寻求理解的社会世界中正在发生的事情。理论化是我们的阐述和分析过程特别重要的一部分。更正式地说，考虑与人群志工作相关理论的方式可以采用多种表现形式是有帮助的，也能使我们能够以各种方式对理论作出贡献。

这有助于在人群志工作中区分实质理论和形式理论（Glaser and Strauss，1967）。在人群志中，理论化通常从实质层面开始，这样做关涉到试图理解非常特殊的地方脉络。为此，我们质询带着特定情境的资料，以便生成关于"此时此地"发生的事情的想法。的确，人群志研究的质量在于其发展出对地方事物和特定事物细致入微、证据充分的想法（理论理解，如果愿意的话）的能力。然而，重要的是不要忽视人群志研究提供的生成（或贡献）更普遍或更正式的理论的机会。也就是说，理论化有超越特定地方化脉络的支点和能力（Urquhart，2012）。虽然我们用具体的人群志资料去思考和去思考具体的人群志资料，但我们的分析和想法将超越这些资料作出贡献。实际上，人群志资料收集和资料分析也许最好是被看成与学科和理论框架相关，而不是与学科和理论框架分离。对资料分析的过于狭隘的看法并不能满足人群志研究的更普遍目标的要求，即发展对复杂社会世界的理解、发现和阐释。人群志研究是在特定领域或研究情境中进行的，但可以引起广泛的关注和理解。

在人群志中，从专注于资料的管理和质询，转向阐释和理论化是重要一步。我们生成、发展、驾驭和运用想法的方式是一项重要的人群志要求，当然，这也是我们所有人日常生活中经常做的事情。然而，尽管在研究过程中至关重要，但要使生成和检验想法的过程明晰化通常是很困难的。皮尔斯关于溯因推理的概念在这里很有用(Peirce，1979；
另见 Kelle，1995)。作为人群志研究实践的一部分，溯因推理可以以
试探性和分析性的有效方式使用。归纳逻辑也是"扎根式理论化"
(grounded theorizing)的核心，尽管在人群志中没有必要支持扎根理论
路径(关于扎根理论与人群志之间关系的讨论，参见 Charmaz and
Mitchell，2001)。皮尔斯使用溯因推理作为对比归纳逻辑和演绎逻辑
的手段。归纳的理论化路径假定概括化是通过收集案例发展起来的，
模式(以及不合常规的事物)是通过越来越多的资料观察揭示出来的，
直到达到饱和状态。不过，这可能毫无助益地造就需要收集越来越多
案例的心态——开展和分析越来越多的观察、对话和访谈，因为担心遗
漏可能是有意义的资料而停不下来。在这种情况下，归纳推理可能造
就为超越描述而努力的分析。另一方面，使用演绎逻辑也同样令人窒
息，因为资料收集受到现有理论的限制和检验，没有创造和革新理论发
展的机会。归纳推理和演绎推理都不能为人群志研究提供特别好的基
础。两者都限制了理论发展的艺术性和创造性探索。溯因推理提供了
一种可行的替代理论方法。溯因推理一成不变地从局部和具体(例如，
研究的特定情境或场域)开始，因此与人群志非常吻合。通过密切关注
资料，确定感兴趣的现象。这可能是令人惊讶、与众不同或引人入胜的
事情，也可能是感觉好像经常发生或在特定时间发生的事情。之后对
这些现象进行质询和探索，但总是与更广泛的知识的概念和体系相关。
这可能包括现有的理论框架、学科模型、来自其他地方的比较资料或经
验、其他田野调查或我们自己的经验和立场，因此，从一开始就有明确
和有目的的意图，即我们在质询和处理与更广泛的理论、概念和阐释
框架相关的资料。有个开放的对话过程在起作用，有助于超越具体
和特殊来扩展我们的思维。这并不意味着简单地将我们的资料和我
们的思维纳入现有的分析和阐释框架，也不意味着明确地使用资料
来揭穿或获取现有的理论。相反，溯因推理认识到现有想法和发现、
新资料和新想法之间的有效互动。这体现并代表了一种开放、探索
的精神，在其间，人群志工作可以卓有成效地开展。在人群志中，可
以启发式地应用理论；扩展理论化而不是限制我们的思维；应用想法

是一个创造性的过程。

计算机辅助分析

对包括理论化和理论构建在内的质性资料的分析,可以得到一系列计算机软件的支持。实际上,本章中概述的资料管理和资料分析的许多方面都可以通过谨慎和适切地运用技术加以支持(另见 Gibbs,2018)。然而,重要的是要注意到,虽然通用和定制软件包可以补充和支持质性分析过程,但计算机软件无法完成所需的思考工作。即使是最复杂的质性资料分析软件,也无法"选择"哪种分析策略或技术最适合你的特定资料集或预示性问题。任何软件包都不能真正为我们做分析工作。分析的脑力劳动不能由软件承担。我们仍然需要确定和做出分析的选择。计算机软件确实提供了一系列选项,用于帮助我们组织和管理资料,以及将系统路径应用于实际分析任务(Silver and Lewins,2014)。当人群志项目生成有意义的大量资料和/或多种不同形式的资料时,计算机软件尤其有用。当然,数字和计算方法也对人群志研究(以及更广泛的社会研究)产生了变革性影响,包括为资料收集提供新的在线情境,使新的资料收集形式得以生成(例如通过社交媒介),以及使资料的获取和存储以文本和媒介文件的形式电子化成为常规(有关数字时代人群志的更多信息,参见 Boellstorff et al.,2012;Dicks et al.,2005;Hallett and Barber,2014;Hine,2000)。

在管理和分析人群志资料方面,有数量众多的通用计算机软件可供使用。例如,规范字处理软件包可以轻松地准备、存储和检索文本资料。电子表格包可以助力简单的编码框架并用于获取元资料,并且有各种现成的可视化和图形包可以帮助资料展示。现在还可以使用主流和常规的软件来相对轻松地存储、操作和检索视觉和声音资料。移动设备的无处不在,以及我们在日常生活中进行数字化操作的能力不断增强,也使得包括为了人群志研究目的在内的资料记录、检索和展示任务变得更容易和更可取,而无需定制包或复杂训练。实际上,我们中的许多人越来越多地成为日常生活中复杂技术的自学用户。计算能力和数字界面也可以促进研究管理,例如,支持远程工作(这可能与田野中的人群志学者特别相关)、协作、团队工作以及资料共享和持续分析。

除了对通用计算机和数字软件的日益规范和例行使用之外,过去30年还见证了专门用于支持质性研究的分析和理论构建的专用软件包的蓬勃发展。一整套专门设计的用于存储、管理和操作包括以不同模式和形态出现的资料在内的质性资料的软件包,已经得到了计算机辅助质性资料分析的支持。这些软件包中的大多数都是基于主题分析模型的变体,利用代码与检索的敏感性。这些软件包可以对非文本资料进行标记,有助于在资料展示中涵括视觉和声音资料,并提供有助于发展资料之间的关联和链接的结构,以便发展阶序关系或其他关系作为理论构建的辅助手段。许多人采用扎根理论的路径进行质性研究。随着时间的推移,这些定制软件包变得越来越精密,新版本似乎总是在开发中。支持质性资料分析的软件包的当代版本有 *The Ethnograph*、*Atlas.ti* 和 NVivo,所有这些软件包的“世系”可以追溯到质性分析软件伊始(Silver and Lewins,2014)。

近年来,鼓励通过定制软件包进行质性资料分析有所进展,这几乎是对质性资料分析计算机辅助软件(CAQDAS)的颂扬。当然,重要且明智的是意识到计算机软件如何可以支持人群志中的资料管理、分析和理论构建。然而,同样重要的是,我们要防止基于许多(如果不是大多数的话)当代专用软件应用程序(例如,以代码与检索和扎根理论为标准)固有的程序和假设的某种单一正统学说的发展。计算策略和软件可以帮助和补充我们的分析路径,但它们不是也不能替代分析的过程和想法的生成。各种软件在协助资料存储、管理和高效资料检索方面可以发挥重要作用,并为资料展示提供有趣和创造性的机会。但是,所有或任何软件的分析能力仍然取决于研究者生成分析想法和创建代码、范畴或其他质询资料的方式。至少,人群志研究者应该了解和懂得哪些软件包可用,以及它们如何协助资料管理、资料展示和系统资料分析过程。不过,人群志学者应该留心关于质性资料与分析软件的争论。尽管有人担心软件包过分依赖特定的正统观念,但它们是工具清单的重要组成部分,这些工具可以帮助人群志的分析以及更广泛的质性研究。不必在没有批判或不了解其局限和优势的情况下使用它们。吉布斯(Gibbs,2014,2018)认为,虽然质性资料分析计算机辅助软件本身并不是一种分析方法,但它对我们执行分析任务的方式产生了影响。对人群志特别重要的是,软件提供了整合不同形式和不同模式(例如,听觉、视觉、数字、网络资源、社交媒介和地理信息)的资料,以及协助管理大量复杂资料的能力。

本章要点

● 在人群志中,资料分析是研究过程整体的组成部分之一。我们的分析路径应该是系统、严谨、灵活且有想象力的。分析是使用资料去思考和思考资料。

● 良好的资料管理对分析有帮助。资料的组织和存储方式应便于检索、处理和呈现。

● 主题分析是处理人群志资料的主要方法。对资料进行编码和分类,以确定主题、模式以及不合常规的事物。代码和检索描述了将代码附加到资料以便分组在一起并检索资料的过程。

● 人群志访谈、对话和田野中的口头互动可以用特别关注语言的方式分析。路径包括叙事分析、隐喻分析和领域分析。

● 理论化是人群志分析的一个关键方面。理论是指思想的生成和应用。溯因推理为在人群志中进行理论化和普遍化提供了框架。

● 计算机软件广泛用于支持质性资料分析。这有助于资料管理、检索和呈现,并可用于探索资料之间的关系。软件应用程序应该被反身性地使用。

拓展阅读

Coffey, A. and Atkinson, P. (1996) *Making Sense of Qualitative Data: Complementary Research Strategies.* Thousand Oaks, CA: Sage.

Silver, C. and Lewins, A. (2014) *Using Software in Qualitative Research*, 2nd ed. London: Sage.

Silverman, D. (2015) *Interpreting Qualitative Data*, 5th ed. London: Sage.

7 再现与人群志的书写

主要内容

人群志作为制品

人群志的书写

重审人群志再现

人群志"书写"的其他方式

观看的方式:超越书写

学习目标

阅读本章后,你将:

- 理解人群志作为著述过程的诸种方式;
- 能够描述传统人群志文本的主要元素和文学手法;
- 了解一些人群志再现的批评和争论;
- 能够确定一系列"另类的"人群志书写方式;
- 了解视觉媒介支持人群志再现的方式。

人群志作为制品

人群志包含一套促进理解社会生活的探究方法。这种人群志作品的一个关键方面,是以再现[represent,也许是更精确地说,是"再度呈现"(re-present)]我们介入和研究过的田野点和社会行动者的方式去展示资料和分析。人群志是一个术语，它不仅描述"做"人群志研究（针对在"田野中"）的过程，也描述研究的成果。因此，"人群志"是人群志尝试的一种人工制品；是一种学术成果，在其中或通过其研究被书写出来，继而被接受和"阅读"。而且，由于在人群志研究中资料收集和资料分析是交织在一起的，因此很难将分析的任务与书写和更广泛的人群志制作的实际成果区分开来。通过我们的书写和制作实践，我们创造出日常社会和文化生活的人群志式的、分析性的叙述。我们利用我们的资料和阐释来解释和证实我们的叙述。人群志资料和分析在"书写"中生动起来，因为我们试图在文学中或通过文学——经常（但不总是）是文本形式——再度构建（re-construct）和再度呈现我们的观察和会话。这里需要注意的是，人群志的书写不仅仅是向一个或多个受众传达分析、论证和结论，尽管这些可能很重要。人群志中的书写，以及更广泛的再现和制作实践，是研究过程本身一个至关重要的方面。书写人群志不单单是一项在研究结束时或迈向研究终点的实践任务，也不是独立于或不借助于支撑人群志研究的反身性实践而进行的书写。相反，书写是如何完成人群志的一个主要部分。如本书其他地方所述，当人群志被选为一种探究方法时，在资料收集和分析策略方面都需要做出一系列决定。人群志资料有多种形式，可以采用多种分析策略（Coffey and Atkinson，1996）。同样，对于如何最好地书写和再现人群志研究也需要做出决定。尽管书写人群志研究的过程在实践中从来不是静态或僵化的，但是人们越来越认识到，在人群志的书写惯例和作者身份方面，存在着真正的选择。事实上，一般的社会科学家，尤其是人群志学者，已经就其书写实践越来越有意识和自觉了（Becker，2007；Van Maanen，2011）。人群志文本的书写和阅读受到了极大关注，引发了相当多的反思和挑战。近年来的发展使人们对可能被视为理所当然的人群志书写实践提出了质疑，对作者身份和受众的假设提出了质疑，并提高了对与人群志再现有关的方法论选择的认识。本章将介绍和描述各种各样的文本和其他形式的人群志制作。

人群志的书写

书写行动对人群志研究至关重要。事实上,人群志一直是一种文学尝试。人群志研究的一个成果是"人群志"——传统观点认为这是一种学术性的书面文本,通过它,研究被"讲述"并被理解。以与人群志资料收集和分析相同的方式来处理人群志书写和制作是很重要的——具有思想、关怀、规训和反身性。书写(出来)人群志不仅仅是把文字写在纸上,它还涉及培养对作为人群志技艺一部分的书写的认识和欣赏。文本的"精心制作"是人群志事务的核心——技艺和技巧的应用与文字的书面运用方式有关,利用了文学和文本惯例;而且,人群志研究的撰写方式将决定社会世界和社会行动者的再现方式,并通过该研究得到理解。

人群志专著是撰写和分享人群志田野调查尝试的经典方式。传统的人群志文本是一种墨守成规的人工制品,因为它是遵循一系列文学惯例制作而成的。安格劳斯诺(Angrosino,2007)确定了学术性书写通常具有许多倾向于遵循时间顺序的关键要素的方式(另见 Berg,2004)。安格劳斯诺提出了这样一种假设,即人群志报告将具有相似的要素并遵循相似的原则。因此,根据安格劳斯诺的说法,传统的人群志文本可能会有:

● 标题——简单而直接地描述报告。

● 摘要或前言——简要概述报告的发现、方法和结构。

● 引言——为读者提供方向,可能会介绍主要的研究问题和要讨论的关键议题。

● 文献回顾——为研究提供框架,涉及实质性、方法论和理论性的已出版作品。

● 方法论回顾——描述方法论决策和研究设计、资料收集和资料分析的过程,此外可能提供研究情境和参与者的描述。

● 报告的发现或结果——详细说明与研究问题和已经描述的方法

论/实质性/理论性的框架相关且借之脉络化的主要成果。

● 结论——总结主要发现和关键贡献,可能会建议未来的研究方向。

● 参考文献、注释和附录——补充正文的一系列材料。

当然,这些制作科学论文的原则有助于提供组织书面草稿的框架。然而,它们并没有表达太多关于作者身份的诸过程,也没有表达人群志学者可能用来表达意义的文学风格。安格劳斯诺(Angrosino,2007,p.79)自己也承认"传统的科学书写风格对人群志学者来说一直是一种束缚",并指出近年来人群志学者逐渐摆脱了"严格的科学书写"的束缚。但这相对低估了人群志学者总是利用各种文学手法来制作学术性的、科学性的和人群志式文本的微妙方式之广度。

许多书面人群志确实具有共同的特征,并且它们以特定方式构建以表达基于密集田野调查和研究者参与的意义。例如,人群志作者开始依赖翔实、"浓厚的"描述(Geertz,1973)来描述社会和文化世界;利用密集观察和有密度和强度的书写,可以使用文字和通过文字来描绘丰富的画面。这通常意味着利用和分享田野笔记,通常包括直接征引田野中的参与者。当然,此类描述本身就是阐释的结果,而且是通过人群志学者的凝视"看到的"。尽管如此,还是有一个隐含的假设,即这些对小规模和地方化的翔实的、脉络化的描述能够并且确实表达了来自田野和在田野中的社会行动者的实际的、脉络化的经验和观点,因而能够为超越所描述的特定案例更广泛的阐述和理解作出贡献。

在将资料和分析转化为书面人群志形式时,有个技巧在起作用——当我们从观察者-研究者转变为阐释者-分析者,再到成为书写者-著作者时。忠实地复制所有田野笔记或所有访谈转录——就好像它们能够复制某种"真实的"画面一样——作为人群志文本的一部分没有必要,也不可取。事实上,如果没有阐释和撰述工作,这种方法实际上最多只能产生一个相当笨拙或不连贯的画面;而且,复制田野笔记或访谈,仿佛它们是客观的,没有被研究者污染过,这是对人群志实践的误解。事实上,人群志田野笔记和访谈文本本身就是制作和(共同)构建的,由人群志学者"创制"和"书写"。因此,人群志作者的任务不是"复制",而是"再现",是利用资料和分析去精心制作田野的权威叙述——讲述一个有说服力的故事。这意味着人群志学者有一种积极的作者身份,他们必须根据其田野调查经验、资料阐释和文学风格来决定讲述什么和如何讲述。这还表明,很难将"人群志"与"人群志学者"区分开来。当然,在描述研究情境或主题与确保田野中人群志学者的在场在书面文本中得到适当和反身性地承认之间,需要达成平衡。虽然传统上认为重点应该放在前者,但重要的却是我们要认识到,人群志学者的任务是描述,并通过描述进行阐述和书写。正如戴维斯(Davies,2008,p.255)指出的:

> 在分析和书写中,人群志学者在他们对他者的实在构建之阐释、他们自己新构建的创造,以及他们以另一种通常是书面的形式表达的这些不断演变的理解之间移动。这个最终的书面制作是一种调解,它本身就是进一步调解的渠道,特别是在作者和各种可能的受众之间。

与所有其他书写形式一样(既有学术书写,如期刊文章,也有虚构书写和讲故事),人群志专著利用一系列文学惯例和修辞手法,对社会和文化生活进行合理和连贯的描述。在过去三十年或更长的时间里,人们越来越关注如何在人群志书写中使用这些惯例和手法,以创作能确定和能相信的再现——戴维斯称之为"文本化"(Davies,2008,p.256)。因此,在人群志书写中有一个正在发挥作用的转变过程,从"田野"和田野笔记转变为另一种"文本";我们利用各种书写技巧和方法来完成这项任务。阿特金森(Atkinson,1992)提到了人群志报道文体固有的互文性;也就是说,人群志作品使用对话和通过阐释将各种文本(例如,田野笔记、访谈转录、从田野收集的档案、田野调查期间制作的材料以及以前出版的作品)结合在一起的方式。人群志书写中的文体业已受到了关注,人群志叙述为吸引和说服受众而结构化的方式也受到了关注。当然,重要的是要了解我们为之书写的受众以及我们的文本将如何被阅读。我们在书写时考虑到隐形的受众群,并希望我们的受众被我们论点的力量说服。因此,我们选择通过我们的文本实践和文体来表达意义的方式,将与我们想要表达的内容(即我们在讲什么故事)、我们觉得我们的书写会被受众如何接受,以及如何说服受众相信这是一个严肃而权威的叙述这几个方面有关。

各种文学书写与人群志之间有许多相似之处。事实上,人群志在历史上利用并仍在继续利用(甚至影响)广泛的文学风格。这包括游记(参见 Richardson and Lockridge,2004)、新闻报道(关于人群志新闻报道的最新报道,参见 Hermann,2016)和小说(参见 Jacobson and Larsen,2014;Narayan,1999)。理查森(Richardson,1990)指出,叙事形式提供了一种强有力的工具,可以通过它组织日常生活和人群志;两者都与创造结构和秩序有关,通过这种结构和秩序,日常经验和事件得以呈现并被理解。语言,通过其许多品质,既创造价值又赋予意义。因此,叙事文体提供了公认的结构和模式,通过这些结构和模式可以从常规和文化层面理解单调和平凡,以及非凡。与此类似,范梅南(Van Maanen,2011)探索了人群志书写长期以来以现实主义故事为转义的方式,也就是说,使用经过严格编辑的引述和田野观察来创作文本,通过一种缄默的作者的腔调(几乎以其隐身术占据支配地位),将被研究者的话语和经历展现在人们面前。在现实主义故事中,作者是一个缺席的存在;强调和明晰的是情境中社会行动者的"声音"和"故事",他们的故事是被"讲述"的。因此,在某种绝对意义上,叙述被呈现得好像它是"真实的"或"确实的",而人群志学者(作为作者)实际上"只是"叙述涌现出来和被看到的工具。当然,现实主义的"故事"只不过是精心构建的、以人群志学者为媒介的故事;创作出叙述,其间作者缺席,这是有目的和有意义的。正如范梅南所说,"现实主义的故事提供了解读,并仔细挑选事实来支持这种解读。此类文本几乎都是被田野调查者放在那里作为支持特定阐释方式的文本"(Van Maanen,1988:53)。各种各样的人群志文本都是被创作和撰述的,它们是被制作(出来)的。

重审人群志再现

自 20 世纪 80 年代以来,人们对人群志的书写,特别是其文本惯例和作者声音,给予了相当多的批判性关注。虽然情况仍旧是大多数人群志文本遵循学术专著或学术期刊论文的传统格式,但人们对再现文化所涉及的一些问题的认识已经有所提高。而且人们越来越认识到,在如何撰写人群志方面可以有所选择。我们可以选择我们如何针对参与者书写、为了参与者书写,以及与参与者一起书写。除了与人群志书写有关的论争和批评之外,人们对人群志再现中的多样性的认识也在增长。随之而来的是实践制作人群志文本的新方法的机会,其中一个关键方面是人们越来越认识到"在所有人群志中……文本中有各种各样的声音,其中一些是知情人的诸种声音,另一些是人群志学者的不同声音,他们可能会作为例如对话者、社会行动者或分析师发言"(Davies,2008,p.263)。

对人群志书写和文本的检视源于跨越多个学科的后现代论争,并受到这些论争的影响,这些论争涉及文本构建的棘手问题和多声部实在的文化再现。社会人类学中,文集《书写文化:人群志的诗学和政治学》(Clifford and Marcus,1986)经常被认为是将人群志文本想当然的文本惯例和作者权威问题化的重要分水岭。该文集呼吁在人群志书写中更强有力的反身性,促使人们采取更加自觉的书写实践路径,并探讨了人群志再现更具创新性和对话性的路径。经过后现代敏感性的形塑,采用支配视角的人群志作品中隐含的对本真的宣称(通常是作为客观或中立的观察者和撰述者的人群志学者)变得不确定和有待商榷。

一些评论者将对人群志书写和作者身份的批评称为"再现的危机",这构成了一种"深刻的断裂",由此"人类学经典规范的侵蚀(客观主义、与殖民主义的共谋、由固定的仪式和习俗构成的社会生活、作为文化纪念碑的人群志)已经完成"(Denzin and Lincoln,2005,p.18)。其他人则质疑这种"断裂"的程度,暗示其接近改革而不是革命。例如,伍兹(Woods,1996)在这些论证中相对较早地回避了后现代或后结构的影响,认为文本的反身性路径只是互动论实践的逻辑延伸,因此是越界的而不是特别进步的。斯宾塞也指出,"20世纪70年代和80年代初培训的田野调查者中的许多人群志学者已经不再相信我们学科前辈提供的科学和文本权威的模型"(Spencer,2001,p.443)。随后的论争以及人群志书写呈现出各种形式的方式,有助于强化这样一种观点,即书写应该与人群志研究实践的其他方面一样被赋予反身性。

关于人群志中作者身份和权威的思考受到了许多更为广泛的影响。这包括与所谓的"修辞的重新发现"相关的知识运动(Atkinson and Coffey,1995)。这一哲学运动在横跨人文学科和社会科学以及物理和生物科学的一系列学科之间进行交流,使修辞在所有与论证和说服相关的学术工作中的中心地位显露出来。这很容易包括作为学术文本的人群志,旨在讲述对社会生活和社会世界的合理描述。"修辞的重新发现"强调修辞和科学的"传统"区分,以及随之而来的承诺。一方面是有了修辞,通过它提出意见并进行说服。另一方面是有了科学的逻辑、方法和证据,有助于将修辞置于合法学术的绝对边缘。可以说,现代人群志的抱负植根于成为"科学"的可能性——基于"客观"证据,并通过"中立"观察的科学语言进行报道。修辞手法是包括物理和生物科学在内的所有学术工作的核心,对此的"重新发现",对知识如何在一系列学科范围内及跨越一系列学科而概念化产生了影响。例如,很明显,即使是最科学的硬"科学"文本和报告也包含许多修辞特征,其目的是说服读者相信科学的"客观性"(Lynch and Wolgar,1990)。而且,科学事实和文本制作之间的区别只能被认为是无益的。所有"科学"文本都是为特定目的而制作的,没有任何文本比任何其他文本更本真或更"科学"。所有学术作品都利用文学手法和讲述方式来构建本真性和权威性的叙事。因此,根据定义,在质疑某些文本形式相对于其他文本形式的本真性或假定的主导地位时,就开启了另一种文本的可能性。对于人群志实践而言,这意味着对其文本制作中使用惯例的明确承认,因此开启了一种书写和再现社会世界的新方式。

这种"许可"使用不同于传统的文本安排;对修辞在"实践"(doing)和科学叙述中的重要性的认识,可以与对人群志及其文本制品的持续且具体的意识形态批判一起看到。例如,萨义德(Said,1978)对西方观察中的东方主义进行了有力的批评,暗示人群志文本既获得了特权,又在赋予特权。更一般地说,后殖民批评者认为,通过各种描述和分类的剥夺型文本,人群志学者的权威得以维持(例如,参见 Marcus,1992;

Minh-ha，2000)。其他人则指出了进行涉及当代全球化的各种经历的后殖民人群志研究所面临的不可忽视的挑战(Comaroff and Comaroff，2003)。人群志的后殖民批评并不局限于对异国情调的"他者"的持续观察和书写。正如福德姆在谈及她的家乡北美的学校人群志时指出的那样："那些有权的人使用社会最强大的武器——笔,可以永久地塑造或改变我们的思维……我们对整整一代人的看法,可以永久地作为这些人群志图像的结果被改变。"(Fordham，1996，p.341)

女性主义学者也关注人群志文本的可能性和问题意识,识别和挑战类似的支配和特权议题。在人群志和女性主义的持续对话中,再现一直是一个关键的出发点(Clough，1992；Wolf，1992)。斯泰西(Stacey，1988)在关于女性主义人群志可能性的一次相对早期的讨论中,提出了与人群志制作相关的问题。斯泰西指出,将人群志描述为对女性主义的讽刺,在人群志作品及其文本制品中存在着剥夺和背叛的真实风险。在较为晚近的一篇关于女性主义人群志的必要性的论文中,施罗克(Schrock，2013)重申了一个重要观点,即人群志的再现并不是价值中立的,可能已经对被书写和再现的那些人产生了影响。这是对传统人群志文本可能掩盖剥夺过程的论点的重新表述(Clough，1992),有可能"被观察者"是缄默的,并且(仅)通过人群志学者的观察和文本变得可见和可听。

这种对人群志文本的批判性关注,无论是在所使用的惯例还是所传递的信息方面,都对我们思考和概念化人群志实践和再现的方式产生了影响。笼统地说,人群志书写实践已经发展出了一种更加自觉和反身性的路径。书写不再是(如果它确实曾经是的话)人群志尝试的一个想当然的方面。书写是从事反身性人群志的重要组成部分,这一点越来越受到重视。我们已经越来越意识到,我们在书写中利用了一系列的文学惯例,而这些惯例之所以被有目的地使用,正是因为它们使我们能够写出"看起来"本真、可信和权威的叙述。因此,人们认识到人群志作者身份是有目的的;人群志的撰写方式使其可信,并有特定的故事可讲。因此,应该理解还有其他故事要讲和有不同的讲述方式。与其他作者一样,人群志学者在问题和风格方面是有选择的。我们也越来越意识到人群志研究的权力维度,这可以通过我们的书写实践和文本制品来概括。因此,近几十年来,人群志文本的可能性也被开启了:它们是什么,它们可能是什么。

人群志"书写"的其他方式

虽然传统的学术人群志专著仍然是被广泛用作制作**人群志**的模式,但这种策略必须被自觉地考虑,而不仅仅是自动默认的,就好像这种传统的形式在某种程度上是中立的或缺乏作者身份一样。我们必须深思熟虑,让一些故事比其他故事更突出,并在承认作者的声音时有反身性。除了此类人群志传统的风格和形式外,审美也朝着各式各样的再现风格迈进。其中包括在人群志中使用诗歌、戏剧和小说。这些创造性的、不同于"传统"的书写人群志的方式至少部分地回应了对传统人群志文本的批评;采用不同于学术文本形式的书写风格可以促进对人群志作者的反身性的和自觉的关注。即使这些可能性被考虑,然后被拒绝,但其目的在于提醒我们注意到书写的积极过程,并促使我们澄清我们希望我们的人群志文本所表达的内容。

这些"另类"书写方式可以定位于一些评论者所称的人群志中,甚至实际上更广泛的质性研究中的文本转向(Ellis and Bochner,1996)。关于这些不同的再现形式在人群志中的使用范围有多大,或者究竟是否应该使用它们来撰写学术著作,一直存在相当大的争论。一些人认为,再现研究的另类形式可能超越或拒绝"传统的"科学惯例,尤其可以吸引非学术受众的想象力。当然,这种"令人厌烦的"书写实践对于那些更习惯或期待传统科学报告的人来说同样可能适得其反(参见 Atkinson et al.,2003)。其他评论者对此类路径是否真正解决了人群志中的权力和权威问题提出了担忧。例如,拉瑟(Lather,1991,2001)认为,另类的再现模式不一定能从人群志文本中消除权力问题,而且也有陷入静态的本真性宣称的风险。此外,自我意识和创造性的文本也可能带来将社会生活审美化的风险,这类文本聚焦于书写而不是所考虑的社会现象,并且确实引入了赋予作者特权的新方式(不仅是人群志学者,而且是诗人、散文作家、小说作家、剧作家等)。然而,这些路径可以有效地被视为人群志技能的一部分,并且可以提供书写人群志的另类方法。以下是对制作人群志"文本"的一些不同路径的简要描述。

制作人群志的对话路径:人群戏剧和人群剧场

遵循剧院或影院惯例的文本,以及对人群志书写采用对话路径的文本,可以将资料和阐释转换为剧本和表演。这些方法利用了戏剧性转向和日常生活的表演性概念。人群戏剧和人群剧场的支持者认为,这种再现有能力促进复杂社会世界和事件的多声部、多种类和多层次的版本。例子包括布卢邦德-兰格探索垂死儿童的社会世界的戏剧路径(Bluebond-Langer,1980)和福克斯的多声部文本再现性犯罪的有争议的声音(Fox,1996)。萨尔达尼亚的编选文集对这类基于艺术的人群志研究实践进行了很好的概述和扩展,展示了戏剧和人群志是如何兼容和相互支持的(Saldaña,2005)。米恩扎科夫斯基(Mienczakowski,1995,1996,1999)在各种社会工作情境中使用了戏剧重演,认为表演人群志可以使包括知情人在内的各种受众更易参与研究。作为人群戏剧的支持者和实践者,米恩扎科夫斯基(Mienczakowski,2001)也观察到了所开展研究的一些紧张关系;虽然旨在赋权于知情人,但他承认人群戏剧也可能暴露知情人,可能会使知情人和弱势受众处于危险之中。

诗歌和散文:人群诗歌

人群志诗歌利用包括散文、旋律、押韵和节拍在内的诗性文学惯例来书写和再现人群志研究。诗歌可以是一种令人回味的、潜在有力的书写、表达和表演方式。人群志学者用诗歌来分享他们的资料和分析,以及他们自己的田野调查经验。布劳尔的《全球化水手之歌》("Rime of the globalised mariner"，Bloor，2013)提供了现实中这一文体的范例。事实上,布劳尔提醒他的读者,社会学家 C.赖特·米尔斯(C. Wright Mills)在 20 世纪 40 年代呼吁社会学诗歌"作为一种经验和表达风格,报告社会事实,同时揭示其人类意义"(参见 Mills，2008，p.34,另见 Marechal and Linstead，2010,作者展示了对诗歌技巧和技艺技能的关注是如何在人群志上富有成效的)。理查森认为,人群志诗歌与"社会科学文本的目的是以事实、主题或概念的形式传递信息,而不受发现或生成它们的脉络之影响的狭隘信念形成了鲜明对比,似乎我们用散文片段记录、转录、编辑和撰写出来的故事是唯一真实的故事"(Richardson，2000，p.933)。

讲故事:人群志虚构作品

根据"虚构"和"非虚构"的严格区分来定义人群志,这有点用词不当。为何一个情境或来自该情境的人们可能以某种方式在人群志文本中被虚构地再现出来,这可能有多种原因。事实上,大多数(如果不是全部)人群志书写都会涉及虚构的元素,这几乎是理所当然的,并且它无意"欺骗"或将其视为"虚构"。人群志中的虚构作品可能包括虚构地描绘一些人群或地点,例如,更改知情人或情境的名称、描述组合特征以及使用假设或组合事件。此类实践可能出于伦理原因,也许是为了保护身份或管理田野中的特殊敏感性。略具讽刺意味的是,虚构可能是个研究伦理问题,有目的地用于掩饰人群或地点,以确保他们不会处于危险之中或易被研究识别。同样,在人群志书写中,通常以一种文学许可的形式运作,在总是有限的字数内浓缩并试图理解一个情境。在人群志文本中,为了达到文学效果,我们经常将行动、谈话和其他资料摘录并置并重新排序。虚构作品也被明确和有目的地使用,使用各种小说文体来讲述基于但不限于资料和田野调查经验的人群志式有见地的故事。班克斯夫妇(Banks and Banks，1998)编辑的这本书提供了一系列人群志虚构作品的例子,也展示了虚构作品与人群志和虚构作品在人群志中漫长的历史(Atkinson，1990)。人群志虚构作品的其他例子,清楚地表明了这一点,包括安格劳斯诺(Angrosino,1998),他将来自心理健康情境的人群志资料转译成一系列短篇小说,以及赫克特的人群志小说《追寻生活》(*After Life*,Hecht,2006)。

自传人群志:书写自我

自传人群志是一种特殊的人群志实践形式,它利用研究者的个人经历作为分析和书写的界面,更广泛地理解社会和文化生活。除了过程之外,自传式的人群志还制作了"结果"——自传人群志(Ellis et al.,2011)。此类书写往往具有深刻的感召力,可以包括一系列文体和风格——叙事、散文、诗歌、虚构作品、对话脚本和隐喻——并且常常被用来讲述和书写深刻的个人和敏感事件,例如性虐待、心理健康问题、堕胎、人际关系和丧亲之痛。这种文体的一些实践者还将自传人群志文本变成了人群戏剧的表演作品。在关于自传人群志和人群志、传记和治疗之间的复杂(有些人会认为不舒服)关系的质性研究中一直存在激烈的争论(参见 Reed-Danahay,2001;Holman Jones,2005)。埃利斯和博克纳在自传人群志的发展中起到了关键作用,他们提出,人群志书写可以在这种脉络下进行,"作为一种创造性的非虚构的形式,采取与艺术相关的某些表达自由,但要感受到将资料转化为受众可以使用的经验的伦理吸引力",以及为更广泛的受众:"不仅要书写**关于**家庭、组织、共同体和制度的东西,还要为他们而写。"(Ellis and Bochner,1996:28)自传人群志的例子包括佩吉特 (Paget,1990,1993)关于癌症患者的生活和拉赫曼(Lahman,2008)关于妊娠终止的作品;另请参阅埃利斯(Ellis,2004)的一部关于从事和书写自传人群志的方法论小说。

这些使用不同的书写风格(重新)书写人群志的不同例子都是为了说明更一般的观点,即人群志文本是合成的、撰著的、书写的和制作的。而且,关于人群志的制作也是有选择的。有多种方法可以利用另类和多样的文学惯例,为人群志书写赋予结构和形状。选择将涉及考虑哪种风格或文体可能最适合书面作品的目标,以及你心目中存在或需要为之书写的受众。开启书写人群志的另类方法的可能性,即使决定采用一篇直截了当的"传统"期刊文章,也有助于突出人群志学者是其选择讲述的故事的作者这一重要观点。

观看的方式:超越书写

当然,我们再现人群志资料和分析的方式并不局限于"书面"文本。实际上,人群志一直对使用和跨越不同的表达方式持开放态度。例如,人群志电影纪录片、电影摄制艺术和摄影有着很长的历史(参见 Ball and Smith,2001;另见 Becker,1995)。视觉方法可以在研究过程中的许多方面融入人群志研究:从以视觉形式收集的资料——静止和运动图像、图片、绘画和其他人工制品——到资料分析和研究成果。视觉方法可以用来展示和质询人群志资料,通过创造性的视觉手段抽绎出新的意义。迈尔斯和休伯曼(Miles and Huberman,1994)为利用各种视觉工具展示质性资料提供了一个很好的案例,既有助于分析过程,又可以显示分析结果。这些视觉工具可能包括使用示意图、坐标图、曲线图和矩阵来提供组织和思考田野调查期间收集的文本资料的新方法。这种可视化可用于简化和编码资料,以及说明资料中和资料间的顺序、模式和关系。简单地说,迈尔斯和休伯曼强调,在资料分析过程中,可以试探性地使用这种视觉"再现式"手法,并将其纳入人群志文本中以提供说明。因此,它们成为文本资料被质询和以不同方式展示的工具,而不是成为研究的最终成果或报告。也就是说,它们是对文本形式的人群志书写的补充和说明。它们不能取代传统的书面文本。

还有其他方式可以使用视觉媒介和模式来补充或确实取代文本性的人群志再现。例如,人群志中的静止和运动的电影制作,传统上用于制作特定类型的报道文体。人群志纪录片最容易与他者文化的社会人类学探索关联在一起。电影有着很长的历史,它将摄影和电影摄制艺术两者都作为人群志现实主义传统的一部分。此类实践从 19 世纪末 20 世纪初的纪录片传统中涌现出来,与人群志文本有许多共同之处。

正如鲍尔和史密斯所指出的,纪录片中的"现实主义冲动"是"最重要的";纪录片与虚构电影的区别在于,它是关于报道文体而不是关于发明的。然而,"纪录片也旨在鼓励观众对世界是怎样的及其运作方式得出一个特定的结论,就像在人群志文本中发生的那样"(Ball and Smith,2001,p.304)。从这个角度来看,传统的社会人类学纪录片是"合成"和"制作"的,与其他人群志再现形式一样,因此可以而且确实受到了与传统权威人群志作品相同的学术审查(特别是关于对不同文化和实践的异域化和他者化的后殖民批评)。

近年来,社会科学中的视觉方法以及电影技术有了很大的发展。虽然静止图像和运动图像几乎总是构成人群志方法的一部分,但并未被普遍采用。从事视觉媒介工作的视觉人类学者更多地关注运动图像,而视觉社会学者则倾向于摄影。人类学者"总是"将高技术标准的纪录片包括在内,通常考虑到学院以外的受众。然而,贝克尔在近四十年前的笔记中写道,"视觉社会科学并不是什么全新的东西……但它也可能是"(Becker,1979,p.7),它仍然具有当代的共鸣。在社会科学的许多领域,包括人群志方法领域,视觉方法仍然被认为是相对较为新颖和创新的,并且常常作为书面文本的附属物,而不是替代品。而且,呈现人群志资料和分析的视觉方式可以被视为与其他再现形式类似的方式,例如诗歌、戏剧剧本或表演,有能力提供另类的,也许是更为多声部和多样性的方式来展示资料和想法。在阐述视觉人群志的案例时,平克认为图像有可能生成和再现新形式的人群志知识,对书面文字"实质上是人群志再现的高级媒介",以及存在且不应是"用于人群志再现的知识或媒介的阶序"(Pink,2013,p.10)的观点提出了挑战。

在不远的过去,电影制作是一种相对专业的文体,需要专业知识和技术资源。当代的技术和数字景观使人群志学者和更普遍的社会研究者更容易接触到电影录制和视觉制作。现在,人群志学者比以往任何时候都容易使用日常设备和知识制作高质量的摄影和其他视觉材料。像电影一样,静态照片与人群志有着长期的关联,并且长期以来一直用于在人群志作品中说明目的。照片可用于收集和展示资料,并且可以成为与研究参与者共同制作再现形式的有效手段。手机和平板电脑等移动设备使现场摄影比以往任何时候都更容易、更易操作。人群志学者和出版人已经越来越愿意并习惯于在学术书写中包含图像。然而，图像未普遍用于人群志制作的情况仍然存在，在使用图像的地方，它们仍然倾向于在基于文字的叙事中形成小小的旁白。平克（Pink，2013）提供了一系列的例子来打破当代人群志中文字和图片之间的主要关联，并展示了使用视觉方法创建另类人群志文本的方法。

如果研究是在物质情境中进行的，并且人群志资料可能包括物质人工制品和物品，那么资料展示和人群志再现仍可更进一步。例如，人群志成果可以包括公共展示和展览，其中可能包含文本、图像和事物的集合体。信息技术和网络的发展还为资料展示和资料链接提供了进一步的可能性，并提供了利用人群志成果接触不同受众的机会。例如，超媒介已被证明是一个以非线性和多层面的方式处理人群志书写的界面，提供了在单一中介在线结构中涵括一系列不同模式的资料和分析的机会，并有可能制作和展示新的符号形式和意义（Dicks et al.，2005；Pink，2013）。

在这一章中，我一直热衷于表明，在人群志的书写和再现方面是有很多选择的。正如我们对资料收集和资料分析的过程做出原则性抉择一样，我们也必须意识到关于我们的文本实践我们有意或无意地拥有和做出的选择。虽然意识到人群志再现形式的多样性，但这并不是毫无目的地进行实验的无原则邀请。书写和再现是我们"从事"人群志和制作人群志的方式，与之俱来的是作者的责任。重要的是，作为人群志学者，我们欣赏我们的书写实践呈现和再度呈现社会情境的方式，并提供记录田野的多种实在的机会。

本章要点

● 书写和作者身份是人群志研究实践的关键方面。书写是人群志形成和发展过程中不可或缺的一部分。"人群志"是被制作和书写而成的。

● "人群志"是一种学术成果,在其中并通过它,人群志资料和分析得以分享。为了提供权威叙述,书写人群志的"传统"方式利用大量的文学手法。许多人群志书写运用了现实主义故事的转义,使用经过严格编辑的引述和田野观察去创作文本,强调被研究者的话语和经验。在现实主义故事中,作者是一个"缺席的在场",被描绘成社会生活中立的观察者。

● 对人群志书写有后殖民主义、女权主义和其他后现代的批评。这些批评质疑了权威和作者身份,并提出了与人群志再现实践有关的权力和支配问题。对一些人来说,这种批评被视为分裂或危机。对另一些人来说,人群志书写和再现的反身性路径是阐释实践的自然延伸。

● 研究者已经提出了另类文体,使更多的多层次、多声部和自觉的人群志文本得以制作。这些包括诗歌、表演、戏剧剧本、虚构作品和自传人群志。

● 电影和摄影在人群志中有着很长的历史,纪录片是一种经典的人群志形式。视觉方法可用于展示资料和创作人群志文本。视觉方法提供了打破传统文本路径的机会,并为联合制作提供了机会。与其他再现模式一样,视觉方法应该被反身性地、自觉地使用。

拓展阅读

Gay y Blason, P. and Wardle, H. (2007) *How to Read Ethnography*. Abingdon, Oxon and New York: Routledge.

Goodall, H. (2000) *Writing the New Ethnography*. Walnut Creek, CA: AltaMira Press.

Van Maanen, J. (2011) *Tales of the Field: On Writing Ethnography*, 2nd ed. Chicago: The University of Chicago Press.

8

人群志的（诸种）未来

主要内容

人群志的时刻

人群志新的全球与地方脉络

变迁中的研究文化

人群志的（诸种）未来

回到未来

学习目标

阅读本章后，你将：

● 能够清楚地说明一些人群志的变化方式，以及一些持续存在的特征；

● 能够确定和描述技术进步给人群志带来的挑战和可能性；

● 了解人群志未来发展的一些途径。

人群志的时刻

人群志有着长久且多样的历史。它最初扎根于 19 世纪和 20 世纪初叶社会人类学的田野调查实践，其后在各种视角和学科中实践、受益并受其影响。在这 100 年甚至更长的历史轨迹中，人群志并没有停滞不前。邓津和林肯（Denzin and Lincoln，2011）提供了一个非常特殊的人群志和质性研究的历史叙述,更广泛地说,将其发展描述为一系列的"时刻",迄今为止已有 9 个(且还在不断增加中)。通过这些历史时刻(或时段),人群志被置于当时的方法论和知识论脉络中——从 20 世纪初叶的客观主义和实证主义,到现代主义的各个时期(试图使质性方法编码化或形式化),以及迈向在 20 世纪 70 年代和 80 年代初定型的视角多元化和路径多样化。邓津和林肯的历史化抓住了人群志所提供的机会和所面临的挑战,特别是对其文本实践的挑战,正如所谓的再现危机所集中体现的那样(参见本书第 7 章)。他们的叙述还指出,在过去 30 年左右的时间里,从标志着持续的紧张和多样的"实验人群志书写的后现代时期"(Denzin and Lincoln,2000,p.17)中可以看到巨大和快速的变迁;直到 20 世纪 90 年代后期,这里出现了"诸种议程的众声喧嚣"(Denzin and Lincoln,1994,p.409);接下来是人们所说的发酵和爆炸的"第七个时刻",是从过去解脱出来的时刻,是批判性对话的时刻,是关注先前沉默的声音的时刻。邓津和林肯认为第八个时刻和当前的时刻象征着更多的分裂和基于证据的实践的兴起,它们处在不断变化的世界和日益复杂的理论和方法论景观的脉络中,当代阐释论者的工作也位于其中。第九个时刻代表着质性探究和人群志实践的未来。邓津和林肯因此把质性研究定义成与"一系列紧张、矛盾和疑虑"有关(Denzin and Lincoln,2011,p.15),同时坚信"受社会学想象力激发的批判质性探究能使世界变得更美好"(Denzin and Lincoln,2011,p.xii)。

　　人群志的历史概念化经常被用作关于人群志过去、现在与未来的参照点,尽管它已成为一些批评的主题。邓津和林肯提出了一个相当线性的,也许过于确定的观点,这种观点被一些评论者视为更加混乱的人群志实在;批评还聚焦于最近和现在,将其视为发生最重大和剧烈变化的时期(综述参见 Atkinson et al.,2001)。其他人指出,对人群志的这种暂时性理解是建立在盎格鲁-撒克逊地区质性研究发展的基础上的;关于质性方法发展的另类观点可以通过追溯德语地区的历程获得(参见 Alasuutari,2004;Flick,2014)。实际上,邓津和林肯(Denzin and Lincoln,2011)知道这些批评,已经承认他们对人群志(和更为普遍的质性研究)发展的看法是一种特殊的看法。然而,他们仍然认为它是有用的,尤其是在提供一个框架来描述人群志可能的过去、现在和想象的未来方面。

在本章中,注意力转向了人群志的未来。有三组因素可以被有效确定,在这些因素中及通过这些因素,当代人群志研究得以开展。首先,正如邓津和林肯(Denzin and Lincoln, 2011)所承认的,世界已经发生重大变化,这意味着有了人群志必然在其中运行的诸种新的脉络,并通过这些脉络来达致人群志理解。其次,所有社会探究发生的研究情境发生了一系列变化,需要引导和解决新的迫切需要。再次,人群志学者在连续的方法论和知识论诸种脉络中或通过这些脉络不断地创造、革新和磨炼他们的技艺。

人群志新的全球与地方脉络

显然,19世纪末20世纪初的人群志学者所游历和研究的世界,与我们当代的社会与文化生活经历很不相同。全球和超地方进程都对我们对地方和距离的理解和体验进行了提炼和再定义;与任何其他商品和文化形式一样,人群志在全球舞台上传播和流布,同时也持续具有在非常局部的水平上运行的能力。其后果之一是,人群志"在家"(at home)与"在外"(away)间的区别不像过去那么明显。无论我们是"在家"还是"在外",在我们家门口熟悉的制度、组织或共同体中,还是在更远的地方进行人群志研究,我们正在寻求理解的体验现在将处在地方和全球脉络和过程中并由其形塑。这为人群志研究提供了新的可能和机会,同时也增加了复杂性。确定一个有限的研究领域可能更为困难;我们所理解的共同体已经改变——我们既有超全球的共同体,也有地方共同体。在不同的媒介中(例如,在线上和线下论坛中)获取和理解日常经验,在方法论上可能是有挑战的。至少在一定程度上,全球化必须被理解为与重要且仍在推进的数字与技术发展有关。人们在日常生活中进行交流和实践的方式已经并且继续被移动和网络技术所改变。而且,我们所处的社会世界,日常的监控技术以及例行的行动与互动的数字记录,已经变得越来越普遍和规范。当然,随之而来的是特别的伦理和法律担忧(Lyon,2001),以及对人群志实践的本质和独特性的挑战。正如邓津和林肯(Denzin and Lincoln,2011)所观察到的那样,人群志学者观察和研究的正当性(以及田野笔记和其他记录的"所有权")可能会被视为正在以前所未有的方式受到威胁。

当然,全球技术发展已经在其他方面改变了人群志的可能性。世界各地的许多人现在生活和栖居在虚拟世界中,拥有全面广泛的虚拟和在线网络。这些范围包括从真正的全球共同体到超地方、实时的实践共同体,在这里与来自世界各地的人们(从未见过面,也可能永远不会面对面)的日常互动是例行公事,但是在这里,社交媒介、即时通信和共享在线互动改变了地方共同体被"制作"的方式以及进行交流的方式。现在研究者有机会进行真正全球性的、不受物理"地方"(place)限制的人群志研究了。研究者也有了研究新成立的、不同媒介的超地方共同体的可能。人群志学者能栖居于离线和在线的世界中,在两者间的那些空间中游弋,并收集数字媒介资料的新形式。

人群志同行的工具也发生了变化。移动和其他数字技术在全球范围内以越来越容易获得的方式提供。他们不一定(也并非经常)需要我们日常实践范围之外的专业技能和知识。事实上,对于世界各地的许多人来说,交流和捕捉技术已经在日常实践中无处不在。现在,声音以及移动和静止的图像都可以被几乎普遍可用并共同使用的移动设备记录并广泛共享。人们可以即时联系,现在可以通过多种媒介进行实时对话。只需按一下按钮,就可以与世界各地的任何人共享各种不同模式的信息。笔记可以相对容易地被制作、复制、编辑和扩充;文本可以很容易地被研究者与图像和声音并置;照片可以用地理上精确的定位资料标记,而不需要昂贵或特别专业的软件。

技术有能力改变田野调查和人群志经验。但重要的是,我们要保持这些改变的反身性,并以深思熟虑的批判态度拥抱技术,据此使反身性水平与其他人群志促成的实践相一致。技术提供了做人群志和成为人群志学者的新方式,并为调查和理解日常社会生活开辟了新领域。与此同时需要说几句的是,不要忽视人群志作为具身经验的完整性(Coffey,1999)。正如安格劳斯诺所指出的,参与式观察具有特殊价值,因为我们能够将自己沉浸其中:

> 在真实的人们所过的起起落落和模糊不清的生活中……我们越是修正这张或那张生活快照,就越有能力去全球和即时传播……那个图像,就越冒着违背我们对于是什么使真实生活如此特殊和如此迷人的感觉的风险。(Angrosino,2007,p.92)

变迁中的研究文化

近年来,人们越来越重视社会研究的创新,同时要求研究基于证据且有影响力。英国就是这种推动的一个例子。2005 年英国经济与社会研究理事会(ESRC)建立了国家研究方法中心(NCRM)。该理事会是由政府资助的英国研究理事会之一,由它竞争性地分配重大科学研究资金。这项倡议的具体目的是通过发展尖端的方法论工具和技术,提高社会科学研究共同体的能力,以便提升研究的质量和影响。其目标是设计和实施"一个战略研究议程,将促进量化和质性研究及其交叉融合的方法论创新,确保英国处于国际社会研究方法论发展的前沿"(ESRC,2006,p.25)。该框架是通过为方法论的创新与卓越提供基础建设,在方法论技能的质量和范围上进行"逐步变革"(step change)。

与社会研究有关的创新是个有点棘手的议题。在一个方法论领域或学科中被视为创新的东西,可能在另一个方法论领域或学科中已是常规实践。例如,与人群志和更广泛的质性方法相关的是,在一系列的学科和领域中,正是这些路径的采用在彼时被视作创新;而在社会人类学中,它们已是收集资料和生成社会生活理解的惯例和实践方式。同样,在技术进步的帮助下,越来越多地使用视觉方法,在社会科学的许多领域都被视为一种创新实践,而与此同时,视觉图像却长期以来一直是人文学科研究技能的组成部分。根据定义,"成功的"创新随着时间的推移不再是创新,因为它们被"主流化"并被视为良好的研究实践。事实上,只有当"新"方法和路径成为我们日常研究技能的组成部分而不需要再宣称是创新时,方法论的创新才真正有用武之地。

在人群志和更为广泛的质性研究中,对方法论创新的呼求十分普遍,尤其是邓津和林肯(Denzin and Lincoln,2011)提出,创新实践是质性研究历史化的主要组成部分,在这种历史化中,紧张、争论和分裂带来了从事和呈现研究的新方式。对方法论创新的检验是关于其能力,即通过现有和公认的研究实践,在已经可能或已经实现的范围之外提升和获取益处的能力。因此,"创新的"人群志研究实践必须能够维持和提升它"做"人群志的能力,包括它生成和促进对社会世界、制度、过程和生活的理解的能力。在人群志中,正如在更普遍的社会研究中那样,创新、提升或适应的好处可能是多样和变化的。方法论创新的可感知收益可以通过多种不同方式进行概念化和测量。例如,新的研究实践方式可能导致:

- 收集更多或不同资料的可能性;
- 访问新的研究情境或参与者的机会;
- 更高的效率,或许促进研究资源的更好使用;
- 更大的影响,或接触不同受众的能力;
- 更深入、更细致的知识和理解;
- 更丰富、被增进的研究关系;
- 改善伦理实践。

创新研究实践的这些益处不都与在任何意义上的影响有关,但却与研究的明确目的和更加广泛的使命有关。但是对人群志研究而言,创新也许是错误的词语和错误的议程。几乎无法想象的是,会有全新的实践和制作人群志的方法——这些路径还不曾以某种形式被考虑和试验过——这些方法将被发明、测试和发布给期待质性研究的共同体。提升、适应和分享创新实践似乎更有现实志向,尽管这些志向不像"创新"一词那样有声望。创新就是以一种好的方式成为尖端和领先于时代,甚至冒险。发展、提升或适应意味着更多的行人记录——也许是个"上车"(getting on)的,也许只是个"经过"(getting by)的,但也可以包括对新的研究情境和挑战做出反应,并准备在新的机遇出现时改变策略。

认识到方法论的发展是个过程而不是个事件也很重要;适应能力和对出现的环境与机遇的回应能力是好的人群志项目的标志之一。就其本质而言,人群志是灵活而有创造性的。事实上,我们可能希望对那些宣称从一开始就在方法论上具有创新性的研究计划或项目保持健康的怀疑态度。如何在项目伊始就知道我们可能需要如何创新地回应我们的研究脉络? 此外,我们如何在方法论上解释与创新研究工作相关的"失败"? 如果我们失败了怎么办? 按照定义,几乎任何种类的创新都牵涉"实验"(experimentation),并且引申开来,实验可能出错、没有产生结果、产生错误结果和矛盾结果。因此,如果我们要支持创造性并吁求创新(很难想象没有创造性的创新),那么我们也必须做好准备,接纳与这种追求相关的风险。我们还应该现实地看待在提升良好或卓越的研究实践和支持持续的方法论发展方面——创新的迫切性可能失能,也可能使能,甚至是以牺牲理由充足的研究为代价适切地和敏感地执行——我们所能取得的成就,伴随着适当的调整和反思,现有和已知的方法曾经效果良好。

在对已发表的质性研究中的创新主张的描述性评论中,威尔斯等人(Wiles et al.,2011)的结论是,虽然在质性研究领域有相当多的创新宣称,但这些宣称往往很难得到证实。在他们的分析中,他们发现很少有证据支持全新路径、方法或研究设计的宣称。在大多数宣称创新的案例中,实际上明显的是对现有方法的某种改编,或者是将方法从其他学科,尤其是艺术和人文学科转换到社会科学领域。而且威尔斯等人(Wiles et al.,2011)认为,过度夸大创新存在相当大的风险。这种宣称可能会提高人们无法满足的期望,而且实际上可能会分散人们的注意力,从而扼杀了成熟的、久经考验的方法的进一步细致发展,以及应对持久的方法论挑战。同时,对创新的全神贯注可以鼓励一种无用的观点,即已有的方法已经过时,不再适合研究社会世界。威尔斯和同事们认为,"不同"并不总是(或必然)等同于"更好";为创新而创新,如果不清楚为什么一种新方法是必要的,没有明确表述或正当理由,这对研究共同体、对我们介入的情境和参与者都是有害的。再者,过于关注方法和方法论创新也有可能实际上分散人们对研究"问题"确切实质的注意力。方法论的发展和创新的意图和目的必须与要探索的研究问题和要理解的实质性研究脉络有关。人群志和其他社会科学研究方法也是如此。人群志同时包括促进探索和理解的方法和方法论。因此,人群志的创造性、灵活性和适应性,应以对研究参与者有意义的方式始终着眼于研究问题,以提高我们更好地探索、介入和理解研究情境的能力。

人群志的(诸种)未来

近年来,基于证据的政策和实践研究运动并不是一个容易被人群志占据的空间(Hammersley, 2005; Leavy, 2014)。重新出现的科学主义扎根于相对狭隘的、基于证据的知识论的阐述——聚焦于系统综述、"客观"的资料、因果关系和随机对照试验——与那些承认并试图理解复杂现实的多种版本的方法论和知识论难以协调;在那里"批判种族、酷儿、后殖民、女性主义和后现代理论的知识论变得毫无用处,充其量被归入学术范畴而非科学"(Denzin and Lincoln, 2011, p.7)。但是,人群志没有显示出弱化的迹象。人群志方法和路径持续广泛应用于社会科学以及人文学科(Hjorth and Sharp, 2014)。作为一套承诺和研究实践,人群志已经存在了一个多世纪。"从事"(doing)人群志和"作为"(being)人群志已经并将持续有一系列的方法这一事实,证明了人群志具有适应和变革的能力,同时也证实了对复杂社会世界的理解来自参与、观察、互动和经验的信念。人群志内部的分歧、紧张和批评也是其现在和未来的健康标识;关于人群志是什么以及应该是什么的争论一直是人群志景观的一部分。在某些方面,未来的人群志将与过去的一样。

如前所述,在过去的一百年或更长的时间里,人群志和更为广泛的质性研究经历了重大的发展和变化。无论我们是否被邓津和林肯

(Denzin and Lincoln,2011)所阐述的这些变化的叙事所说服,很明显,人群志实践并没有完全停滞不前,新的视角、新的路径和新的再现模式已经影响到人群志学者如何完成他们的任务。在这里,我们可以囊括多种人群志的或属于做人群志的方法——文体的模糊化、再现的另类模式以及通过讨论和争辩开辟新的研究空间(Coffey,1999)。也许人群志的含义已经改变。正如邓津和林肯(Denzin and Lincoln,2011)所指出的,人群志不再仅仅是探究,也不仅仅是作为经验的记录,而是作为一种道德和治疗实践的形式而发展起来的。

人群志一直对新的方法论可能性做出回应,并且已经并将继续扩大其作为一套方法和研究实践的影响范围。例如,近年来,人们越来越多地参与基于艺术的实践、参与式人群志项目、跨学科和交叉学科工作,并参与针对或为了数字时代的人群志的重塑。看待和从事人群志的可能的新方式,在人群志学界受到几乎同等程度的赞扬或厌恶,也同时被看作分散精力和开辟新的人群志的可能。此类紧张关系是人群志实践的标志;人群志可以且确实用多种声音说话,而不总是用一种声音说话;人群志的过去、现在和未来是多种多样的;当代人群志实践的现实是多样、复杂和充满希望的。

在许多方面,当代人群志有着复杂的景观,在全球变迁背景下,在需要有效力、创新性和证据性研究的研究环境中推进,同时持续以几近有组织的潮起潮落的方式运作,支持真正相当多样的研究实践"接地气"(on the ground)。关注尖端创新以确保具有全球竞争力和高影响力的社会科学,可能会被视为与细致入微和密切关注的人群志技艺有点不太一致。但事实并非如此。单独使用或与其他路径结合使用的人群志研究,可以生成能以有效力的方式使用的资料和分析,应对全球挑战,讲述有影响力和增权赋能的故事,告知和挑战政策。此外,人群志是一种可以像在超地方脉络中一样成功地在全球舞台上运作的路径。事实上,在不同层次的分析之间和在不同的社会和文化情境之间建立联系,一直是、现在是而且可能继续是人群志研究实践的一个确定的方面。在我们想象人群志实践的未来时,关注人群志的技艺是重要的。技艺意味着用于工作的一套技能和工具、对材料进行的形塑和理解,以及对要精心制作和"打造"(made)的作品的选择。

那么,想象中的人群志的未来又如何呢?当代研究方法有了一系列的现时发展,既利用了人群志的路径,又有能力塑造未来的人群志实践。例如,在更普遍的社会科学中,我们发现人们对移动和移动方法越来越感兴趣,对开发通过运动和在运动中生成资料的路径更加敏感(Buscher et al.,2010)。这些方法包括诸如"同行"(go along)、徒步旅行和"在行进中"(on the move)访谈等方法,以及使用全球定位系统(GPS)设备,这些设备能够在空间和时间上对运动进行地理跟踪。这种方法论的兴趣说明了关于流动的社会科学工作作为一个研究领域得到了广泛发展,试图从流动和运动的角度理解社会生活(Urry,2007)。当然,人群志集中体现了流动方法的理念。人群志一直都是"在行进中"进行的。人群志田野调查的实质要求运动、流动性和经过情境(flow through settings)。但是,最近更广泛的关于运动和流动性的理论和概念工作,加上更容易捕捉移动中的资料和关于移动的资料的技术进步,为人群志带来了令人兴奋的可能性(参见 Fay,2007;Ferguson,2014)。随着对运动和流动性的学术兴趣的增加,人们也越来越关注地方(Evans and Jones,2011)。人群志方法很适合在这里做出进一步的贡献,既能捕捉运动,也能探索人们对地理和地方的生动理解。人群志工作为测绘、制图和绘制地图工作带来了新的可能性。当然,在人群志实践中和为了人群志实践,绘图和绘制地形图是一个有用且使用广泛的隐喻(Smith,2005)。除了流动性和运动体验外,还有其他类似的感觉方法来进行和理解社会生活。对体验社会生活的多模态方法的认识和呼吁,导致人们对寻求捕捉不同模式和形态的方法的发展,产生了越来越多的方法论兴趣(Dicks et al.,2005)。如本书其他地方所述,这包括对视觉方法的浓厚兴趣,同时人群志的注意力也转移到了其他感觉资源上,如声音和触觉。平克在感觉人群志方面的工作在这里特别相关,她关注"体验、感知、知识和实践的多感官性"(Pink,2009,p.1)。从这个意义上说,感觉人群志具有双重含义——"做人群志的过程",它既说明了研究参与者的感觉世界,又说明了人群志技艺本身就是一种多感觉体验的方式。平克的工作使人们能够重新思考人群志工作,更好地考虑并承认体验、感知、知识和实践的感觉。她还将感觉人群志定位于当代数字景观中。加强使用数字和在线界面进行研究和再现研究,将持续为人群志实践提供令人兴奋的新的可能性。很难预测我们的数字和后数字未来会是什么样的,或者它们将如何影响生活和经历,特别是考虑到过去 25 年的快速发展。但是,我们已经可以看到各种技术如何影响人群志实践的多种方式。在人群志资料的生成、分析、再现和交流方面,现在有一系列的技术和数字机会来发挥创造力。这包括一个探索和理解新情境的世界,以及一系列崭新的和迅速发展的可能性,以提高我们的实时资料链接和资料展示能力。所谓的"人群志"也可以重新阐释和转换界限,例如,超媒介人群志"制品"的可能性、读者互动的潜力和困扰作者和权威的能力。尽管到目前为止,利用这种人群志再现技术的机会还没有被广泛利用(Dicks et al., 2005; Pink, 2013)。

除了这些对人群志发展的具体呼吁之外,社会研究方法也有了更普遍的发展,有可能对我们人群志的未来产生影响。广泛的社会研究方法得到了越来越多的使用和了解,再加上近几十年编码和方法培训越来越多,给当代人群志带来了一些混杂的信息。例如,当前围绕着社会研究的混合方法路径的偏好的话语可能开启了,也可能关闭了人群志研究的可能性。似乎必须使用方法"工具箱"(tool box)来操作是一个有说服力和实用的论点,在这个工具箱中,我们根据问题使用所有的路径和技巧来激发和应用。我们会根据我们寻求"解决"(solve)的研究问题,从我们同样熟练的领域中选择一种或多种最佳方法。作为实用的经验主义者,我们既不赞美也不厌恶特定的方法,我们平等地对待它们,并以当时看来合适的任何组合方式使用它们。但是,这一观点的危险在于,研究者可能丧失在方法论、知识论和本体论上介入的批判能力,方法脱离了其方法论、概念和学科框架,人们对其了解甚少且往往执行不力。混合方法设计通常时间短且复杂,很少有时间来满足为人群志方法所需或至少要被接受所需的长期和持续的介入。因此,在这种情况下,人群志方法通常会被缩减;这是一种"补充"(addition),即不能指望通过精心培育田野关系从而公正地对待人群志研究发展浓描和深入理解的能力。当然,在研究问题、议题、资料收集和分析上有创新和综合的方法论路径。人群志可以并确实也在其他路径中或同其他路径一起很好地发挥作用。实际上,根据定义,人群志是"混合方法":结合多种策略,在不同的媒介和模式中收集资料,利用各种策略进行资料分析,并对再现的多样性持开放态度。但这并不是通常所说的"混合方法"(另见 Flick,2018c)。由于通常过于简化的应用,混合方法设计通常意味着是一些过于简化和非反身性的量化和质性资料的组合。在一个更具活力和更为广泛的定义中,需要更多地反思人群志如何能有效地为混合方法设计作出贡献,并通过其方法论、知识论框架和承诺得以提升,而不脱离其方法论、知识论框架和承诺。

同样,技术既是人群志学者的朋友,也是潜在的敌人。"用于"(to do)人群志研究的技术软件和硬件的大规模采用和认可也是潜在的令人担忧的趋势。当代科技和虚拟世界为人群志研究提供了巨大而令人兴奋的可能性。然而,一种想当然的期望——进行质性资料分析"必备"(required)计算机软件包,或所有人群志和质性资料必须以适合技术修复的方式收集、管理和展示——只能是无益的。如果没有一路走来的批判性反思,人们就可能想象这种世界观的结果将是某些种类的人群志缺陷。存在这样一种危险,即研究者"践履"(practising)人群志可能会失去以有意义的方式处理和超越其资料的能力,无法在技术强加的框架之外进行思考。同样,并非所有的社会和文化生活都是以技术为媒介的;如果不借助更广泛的理论和概念框架,我们对数字生活的理解也不可能被完全理解。

质性研究者越来越普遍地希望在一个项目中纳入多种资料收集方法和资料模式,而不必考虑资料整合所提供的分析能力和问题。当然,通过整合资料模式,人群志也有令人兴奋的可能性,在实践中,人群志一直在不同方法和资料相互碰撞的空间中工作。例如,观察与对话,档案、人工制品、视觉图像的搜集,言语模式的关注以及日常生活的具身的、实践的技艺。然而,重要的是要考虑项目如何以有目的和有意义的方式将资料和分析结合起来。如果一个项目提议进行人群志的参与式观察和调查工作,或者收集日记并生成摄影随笔,或者在人群志访谈的同时创建声音景观,那么问"为什么"和"为什么不"很重要。

回到未来

　　人群志的未来将受益于并继续受到人群志的过去和现在的影响。随着人群志的发展,人群志的基本原理和承诺将发挥良好的作用。在描述方法论的发展或创新时,往往会涉及"方法"的进步或适应。也就是说,发展研究技术和策略,以改进资料收集、资料分析或再现方法,而不是"方法"上的创新。当然,人群志提供了一系列生成资料和分析的方法,这些资料和分析可以被质疑,以便发展我们对社会生活的理解。但人群志的研究实践也涉及方法论;也就是说,对研究进行思考和理论化。进一步探讨人群志所带来的方法论上的可能与问题,以及我们的方法论思维的发展和对方法论思维的挑战,将确保人群志对不断变化的时代做出回应。

　　人群志也有助于实现跨学科工作的潜力,既可以融合学科,又可以在学科之间的空间工作。方法论的发展和创新性的实践往往发生于学科之间的交叉点和空间,在这一点上,人群志非常擅长。人群志已经拥有一个广泛和多样的学科范围(既跨社会科学,也跨艺术、人文和理科)。不过,还有更进一步的工作要做。跨学科和学科间的正式研究培训和能力建设工作尤其难以实现。发展更多从事人群志实践的跨学科方法可能会有重要启示,这可以提供一个框架,该框架旨在为学科之间以及学科内部的创造性对话创造空间。

　　最后,将人群志作为一种"慢方法"(slow method)加以重新利用有着富有成效的价值;这就是说,人群志是一种既"耗时"(takes time)又"及时"(in time)的路径。在英国、美国和其他地区,所谓的"慢食运动"(slow food movement)正在不断发展(Andrews,2008)。这种思考和准备食物的方式遵循许多原则,价值在于精心准备食物,慢食运动是"速食"(fast food)的解毒剂。慢食运动的特点包括:原料的来源和价值、合乎道德的食品制作、全球与地方的联系、从头开始准备食品的价值，以及对不同食品如何协同工作和组合起来的认识。人们认识到精心准备和烹调食物所涉及的技能，重新理解品尝食物的味道和一起用餐的乐趣。从这个角度看，食物具有内在和外在的价值。这些特质提供了一个有用的隐喻，提醒我们用人群志的凝视和通过人群志的凝视来进行社会研究的价值。人群志欣赏并重视全球生活和地方知识，以及精心地共同制作资料。它依赖并遵循反身性和介入式道德实践，以及生活的经验现实。社会世界和语词（words）都是值得品味的；理解是缓慢而逐层地实现的。尽管从事人群志可以无需多年的田野调查，但人群志工作确实需要时间。优秀的人群志学者还认识到并赞赏不同种类的资料和多种分析策略能相互补充和彼此深化的方式。在如何"开源"（source）和汇总资料、进行分析和呈现劳动成果方面，我们有多种选择。"慢"（slow）可能是人群志其他特质的隐喻。人群志不仅需要时间，还需要耐心、技巧、对话和反身性。人群志正是通过这些因素的结合而得以实践和形成的。

本章要点

● 邓津和林肯（Denzin and Lincoln，2011）将人群志的历史化描述为一系列的"时刻"，捕捉了一个多世纪以来影响人群志实践的紧张、矛盾和疑虑。尽管受到一些批评，但这一框架为思考人群志的过去、现在和未来提供了一个参照点。

● 新的全球和超地方脉络为人群志工作提供了新的机遇和挑战。共同体不再受地方的限制和制约，新的交流手段改变了全球共同体和地方情境进行日常实践的方式。

● 技术具有改变和挑战人群志研究实践的潜力。新技术提供了新的虚拟研究情境，并提供了越来越多的记录生活的适宜方式。技术可以帮助资料分析并提供新的再现界面。但是重要的是，要认识到并非所有的社会生活都是通过数字媒介进行的,介入技术并不是"做人群志"。

● 创新是人群志历史叙事的一部分。创造性、灵活性和适应性是人群志的特征。"从事"人群志和"成为"人群志的方法仍然多种多样,同时也坚信对复杂社会世界的理解来自参与、观察、互动和经验。

● 人群志很适合介入包括与跨学科、混合方法、流动性和地方相关的方法论的话语和发展。人群志也有新的机遇去关注社会生活的多模态性、多感官的知觉和体验。

拓展阅读

Atkinson, P. (2015) *For Ethnography*. London: Sage.

Burawoy, M., Blum, J. A., George, S., Gille, Z., Gowan, T., Haney, L., Klawiter, M., Lopez, S. H., O'Riain, S. and Thayer, A. M. (2000) *Global Ethnography: Forces, Connections and Imaginations in a Postmodern World*. Berkeley, CA: University of California Press.

Pink, S. (2015) *Doing Sensory Ethnography*, 2nd ed. London: Sage.

术语表

Autoethnography

自传人群志：一种使用个人经历和自我反思去理解较为广泛的社会文化问题与过程的研究与书写的质性路径。

CAQDAS

质性资料分析计算机辅助软件：计算机辅助的质性资料分析，包括使用定制的软件包。

Covert research

隐蔽研究：研究者的身份和/或意图不为被研究者所知的研究。

Cultural relativism

文化相对论：一种从文化内部出发，抑或参照其自身的文化参照架构去理解社会结构、信念和实践的原则。

Epistemology

知识/认识论：知识的研究和理论，包括知识的方法、来源和限度。

Ethnographic interview

人群志访谈：利用会话策略引导出理解和意义的质性研究。

Ethnomethodology

常人方法学：寻求理解那些人们用于理解其世界的日常和实践方

法的社会学分析。

Fieldwork

田野调查:在既存的社会/文化/组织的情境中从事资料收集。

Gatekeeper

守门人:潜在研究情境中的成员,他/她控制和/或能提供进入情境及其成员中去的研究通道。

Hypermedia

超媒介:信息的非线性组织,可能包括文本、声响、图像、档案和超链接。

Institutional ethnography

制度人群志:一种探究方法,它仔细思考社会关系是如何通过在特定社会制度脉络中社会互动发生的方式被构建的。

Key informant

关键知情人:可能充当守门人,或者能提供特别重要的信息或理解的研究参与者。

Narrative analysis

叙事分析:对故事或社会经历的正式分析。

Participant observation

参与式观察:一种研究者参与其中,并对社会情境进行观察的质性资料收集方法。

Postmodernism

后现代主义:在艺术、人文学科和社会科学中拒绝主张客观科学方法的一种运动。

Reflexivity

反身性：对社会情境中的自我和在构建社会行动与理解中的角色的一种自觉意识。

Symbolic interactionism

象征互动论：汲取人们在社会互动中发展和利用的诸多意义的社会行动理论。

Theoretical sampling

理论抽样：选取案例去发展和检验新兴理论的一种抽样过程。

参考文献

Abu-Lughod, L. (1988) 'Fieldwork of a dutiful daughter', in S. Altorki and C.F. El-Solh (eds), *Arab Women in the Field*. Syracuse, NY: Syracuse University Press, pp. 139–61.

Abu-Lughod, L. (1990) 'Can there be a feminist ethnography?', *Women and Performance: A Journal of Feminist Theory*, 5 (1): 7–27.

Adam, B. (1990) *Time and Social Theory*. Oxford: Polity.

Adler, P.A. and Adler, P. (1994) 'Observational techniques', in N.K. Denzin and Y.S. Lincoln (eds), *Handbook of Qualitative Research*. Thousand Oaks, CA: Sage, pp. 377–92.

Alasuutari, P. (2004) 'The globalization of qualitative research', in C. Seale (ed.), *Qualitative Research Practice*. London: Sage.

Andrews, G. (2008) *The Slow Food Story: Politics and Pleasure*. McGill: Queen's University Press.

Angrosino, M. (1998) *Opportunity House: Ethnographic Stories of Mental Retardation*. Walnut Creek, CA: AltaMira Press.

Angrosino, M. (2007) *Doing Ethnographic and Observational Research*. London: Sage.

Atkinson, P. (1988) 'Ethnomethodology: a critical review', *Annual Review of Sociology*, 14: 441–65.

Atkinson, P. (1990) *The Ethnographic Imagination*. London: Routledge.

Atkinson, P. (1992) *Understanding Ethnographic Texts*. Newbury Park, CA: Sage.

Atkinson. P. (2015) *For Ethnography*. London: Sage

Atkinson, P. and Coffey, A. (1995) 'Realism and its discontents: on the crisis of representation in ethnographic texts', in B. Adam and S. Allan (eds), *Theorizing Culture*. London: UCL Press, pp. 41–57.

Atkinson, P. and Coffey, A. (2002) 'Revisiting the relationship between participant observation and interviewing', in J.F. Gubrium and J.A. Holstein (eds), *Handbook of Interview Research*. Thousand Oaks, CA: Sage, pp. 801–14

Atkinson, P. and Hammersley, M. (2007) *Ethnography: Principles in Practice*, 3rd ed. London: Routledge.

Atkinson, P., Coffey, A. and Delamont, S. (2003) *Key Themes in Qualitative Research*. Walnut Creek, CA: AltaMira Press.

Atkinson, P., Delamont, S. and Coffey, A. (2001) 'A debate about our canon', *Qualitative Research*, 1 (1): 5–22.

Bailey, C.A. (1996) *A Guide to Field Research*. Thousand Oaks, CA: Pine Forge Press.

Ball, M.S. and Smith, G.W.H. (2001) 'Technologies of realism? Ethnographic use of photography and film', in P. Atkinson, A. Coffey, S. Delamont, J. Lofland and L. Lofland (eds), *Handbook of Ethnography*. London: Sage, pp. 302–20.

Ball, S. (1981) *Beachside Comprehensive: A Case Study of Secondary Schooling*. Cambridge: Cambridge University Press.

Banks, M. (2018) *Using Visual Data in Qualitative Research* (Book 5 of *The SAGE Qualitative Research Kit*, 2nd ed.). London: Sage.

Banks, M. and Zeitlyn, D. (2015) *Visual Methods in Social Research*. London: Sage.

Banks, S.P. and Banks, A. (eds) (1998) *Fiction and Social Research: By Ice or Fire*. Walnut Creek, CA: Sage.

Barbour, R. (2018) *Doing Focus Groups* (Book 4 of *The SAGE Qualitative Research Kit*, 2nd ed.). London: Sage.

Becker, H.S. (1971) Footnote to M. Wax and R. Wax, 'Great tradition, little tradition and formal education', in M. Wax, S. Diamond and F.O. Gearing (eds), *Anthropological Perspectives on Education*. New York: Basic Books, pp. 3–27.

Becker, H.S. (1979) 'Preface' in J. Wagner (ed.), *Images of Information: Still Photography in the Social Sciences*. Beverly Hills, CA: Sage.

Becker, H.S. (1995) 'Visual sociology, documentary photography, and photojournalism: it's (almost) all a matter of context', *Visual Sociology*, 10 (1–2): 5–14.

Becker, H.S. (2007) *Writing for Social Scientists*, 2nd ed. Chicago: University of Chicago Press.

Becker, H.S. and Geer, B. (1957a) 'Participant observation and interviewing: a comparison', *Human Organization*, 16: 28–32.

Becker, H.S. and Geer, B. (1957b) 'Participant observation and interviewing: a rejoinder', *Human Organization*, 16: 39–40.

Behar, R. and Gordon, D.A. (eds) (1995) *Women Writing Culture*. Berkeley, CA: University of California Press.

Bengry-Howell, A. and Griffin, C. (2012) 'Negotiating access in ethnographic research with "hard to reach" young people: establishing common ground or a process of methodological grooming?', *International Journal of Social Research Methodology*, 15 (5): 403–16.

Berg, B.L. (2004) *Qualitative Research Methods for the Social Sciences*, 5th ed. Boston: Pearson

Berik, G. (1996) 'Understanding the gender system in rural Turkey: fieldwork dilemmas of conformity and intervention', in D.L. Wolf (ed.), *Feminist Dilemmas in Fieldwork*. Boulder, CO: Westview, pp. 56–71.

Beynon, J. (1987) 'Zombies in dressing gowns', in N.P. McKeganey and S. Cunningham-Burley (eds), *Enter the Sociologist*. Aldershot: Avebury, pp. 144–73.

Bloor, M. (2013) 'The rime of the globalised mariner: in six parts (with bonus tracks from a chorus of Greek shippers)', *Sociology*, 47 (1): 30–50.

Bluebond-Langer, M. (1980) *The Private Worlds of Dying Children*. Princeton, NJ: Princeton University Press.

Boellstorff, T., Nardi, B., Pearce C. and Taylor, T.L. (2012) *Ethnography and Virtual Worlds: A Handbook of Method*. Princeton: Princeton University Press.

Brewer, J.D. (2009) *Ethnography*. Buckingham: Open University Press.

Brinkmann, S. and Kvale, S. (2018) *Doing Interviews* (Book 2 of *The SAGE Qualitative Research Kit*, 2nd ed.). London: Sage.

Burawoy, M., Blum, J.A., George, S., Gille, Z., Gowan, T., Haney, L., Klawiter, M., Lopez, S.H., O'Riain, S. and Thayer, A.M. (2000). *Global Ethnography: Forces, Connections and Imaginations in a Postmodern World*. Berkeley, CA: University of California Press.

Burgess, R.G. (1983) *Experiencing Comprehensive Education*. London: Methuen.

Burgess, R.G. (1984) *In the Field*. London: Allen and Unwin.

Burgess, R.G. (1991) 'Sponsors, gatekeepers, members, and friends: access in educational settings', in W.B. Shaffir and R.A. Stebbins (eds), *Experiencing Fieldwork: An Inside View of Qualitative Research*, Newbury Park, CA: Sage, pp. 43–52.

Buscher, M., Urry, J. and Witchger, K. (eds) (2010) *Mobile Methods*. London: Routledge.

Cannon, S. (1992) 'Reflections on fieldwork in stressful situations', in R.G. Burgess (ed.), *Studies in Qualitative Methodology, Vol. 3: Learning about Fieldwork*. Greenwich, CT: JAI Press.

Carter, K. (1994) 'Prison officers and their survival strategies', in A. Coffey and P. Atkinson (eds), *Occupational Socialisation and Working Lives*. Avebury: Ashgate, pp. 41–57.

Charmaz, K. (2006) *Constructing Grounded Theory*. London: Sage.

Charmaz, K. and Mitchell, R.G. (2001) 'Grounded theory in ethnography', in P. Atkinson, A. Coffey, S. Delamont, J. Lofland and L. Lofland (eds), *Handbook of Ethnography*. London: Sage, pp. 160–73.

Clifford, J. and Marcus, G.E. (eds) (1986) *Writing Culture: The Poetics and Politics of Ethnography*. Berkeley, CA: University of California Press.

Clough, P. (1992) *The End(s) of Ethnography: From Realism to Social Criticism*. Newbury Park, CA: Sage.

Coffey, A. (1999) *The Ethnographic Self*. London: Sage.

Coffey, A. and Atkinson, P. (1996) *Making Sense of Qualitative Data*. Thousand Oaks, CA: Sage.

Comaroff, J. and Comaroff, J. (2003) 'Ethnography on an awkward scale: postcolonial anthropology and the violence of abstraction', *Ethnography*, 4 (2): 147–79.

Cortazzi, M. (1993) *Narrative Analysis*. Lewes: Falmer.

Crick, M. (1992) 'Ali and me: an essay in street-corner anthropology', in J. Okely and H. Callaway (eds), *Anthropology and Autobiography*. London: Routledge, pp. 175–92.

Czarniawska, B. (2004) *Narratives in Social Science Research*. London: Sage.

Davies, C.A. (2008) *Reflexive Ethnography*, 2nd ed. London and New York: Routledge.

Davies, R.M. (1994) 'Novices and experts: initial encounters in midwifery', in A. Coffey and P. Atkinson (eds), *Occupational Socialization and Working Lives*. Aldershot: Avebury, pp. 99–115.

Delamont, S. (1987) 'Clean baths and dirty women', in N.P. McKeganey and S. Cunningham-Burley (eds), *Enter the Sociologist*. Aldershot: Avebury, pp. 127–43.

Delamont, S. (2002) *Fieldwork in Educational Settings*, 2nd ed. London and New York: Routledge.

Denzin, N.K. and Lincoln, Y.S. (eds) (1994) *Handbook of Qualitative Research*. Thousand Oaks, CA: Sage.

Denzin, N.K. and Lincoln, Y.S. (eds) (2000) *Handbook of Qualitative Research*, 2nd ed. Thousand Oaks, CA: Sage.

Denzin, N.K. and Lincoln, Y.S. (2005) 'Introduction', in N.K. Denzin and Y.S. Lincoln (eds), *Handbook of Qualitative Research*, 3rd ed. Thousand Oaks, CA: Sage, pp. 1–32

Denzin, N.K. and Lincoln, Y.S. (2011) 'Introduction', in N.K. Denzin and Y.S. Lincoln (eds), *Handbook of Qualitative Research*, 4th ed. Thousand Oaks, CA: Sage, pp. 1–32

Dey, I. (1993) *Qualitative Data Analysis: A User Friendly Guide for Social Sciences*. London: Routledge.

Dicks, B., Mason, B., Coffey, A. and Atkinson, P. (2005) *Qualitative Research and Hypermedia*. London: Sage.

Elliott, J. (2005) *Using Narrative in Social Research*. London: Sage.

Ellis, C. (2004) *The Ethnographic I: A Methodological Novel about Autoethnography*. Walnut Creek, CA: AltaMira Press.

Ellis, C. and Bochner, A.P. (eds) (1996) *Composing Ethnography*. Walnut Creek, CA: AltaMira Press.

Ellis, C. and Bochner, A. (2006) 'Analysing analytical autoethnography: an autopsy', *Journal of Contemporary Ethnography*, 35 (4): 429–49.

Ellis, C., Adams, T.E. and Bochner, A.P. (2011) 'Autoethnography: an overview', *Forum: Qualitative Social Research*, 12 (1): Article 10.

Emerson, R.M., Fretz, R.I. and Shaw, L.L. (2011) *Writing Ethnographic Fieldnotes*, 2nd ed. Chicago: University of Chicago Press.

ESRC (2006) *ESRC Delivery Plan*. Swindon: Economic and Social Research Council.

Evans, J. and Jones, P. (2011) 'The walking interview: methodology, mobility and place', *Applied Geography*, 31: 849–58.

Farrell, S.A. (1992) 'Feminism and sociology', in S. Rosenberg Zalk and J. Gordon-Kelter (eds), *Revolutions in Knowledge: Feminism in the Social Sciences*. Boulder, CO: Westview, pp. 57–62.

Fay, M. (2007) 'Mobile subjects, mobile methods: doing virtual ethnography in a feminist online network', *Forum: Qualitative Social Research*, 8 (3): Article 14.

Ferguson, H. (2014) 'Researching social work practice close up: using ethnographic and mobile methods to understand encounters between social workers, children and families', *British Journal of Social Work*, 46 (1): 153–68.

Fetterman, D.M. (2009) *Ethnography: Step by Step*, 3rd ed. Thousand Oaks, CA: Sage.

Fine, G.A. (ed.) (1995) *A Second Chicago School? The Development of a Postwar American Sociology*. Chicago: University of Chicago Press.

Fine, G.A. and Manning, P. (2003) 'Erving Goffman', in G. Ritzer (ed.), *The Blackwell Companion to Major Contemporary Social Theorists*. Oxford: Blackwell.

Flick, U. (2014) 'Mapping the field', in U. Flick (ed.), *The SAGE Handbook of Qualitative Data Analysis*. London: Sage, pp. 3–18.

Flick, U. (2018a) *Designing Qualitative Research* (Book 1 of *The SAGE Qualitative Research Kit*, 2nd ed.). London: Sage.

Flick, U. (2018b) *Managing Quality in Qualitative Research* (Book 10 of *The SAGE Qualitative Research Kit*, 2nd ed.). London: Sage.

Flick, U. (2018c) *Doing Triangulation and Mixed Methods* (Book 9 of *The SAGE Qualitative Research Kit*, 2nd ed.). London: Sage.

Flick, U. (2018d) *Doing Grounded Theory* (Book 8 of *The SAGE Qualitative Research Kit*, 2nd ed.). London: Sage.

Fontana, A. and McGinnis, T.A. (2003) 'Ethnography since postmodernism', *Studies in Symbolic Interaction*, 26: 215–34.

Fordham, S. (1996) *Blacked Out: Dilemmas of Race, Identity and Success at Capital High*. Chicago: University of Chicago Press.

Fowler, D.D. and Hardesty, D.L. (eds) (1994) *Others Knowing Others: Perspectives on Ethnographic Careers*. Washington and London: Smithsonian Institution Press.

Fox, K.V. (1996) 'Silent voices: a subversive reading of child sexual abuse', in C. Ellis and A.P. Bochner (eds), *Composing Ethnography*. Walnut Creek, CA: AltaMira Press, pp. 330–56.

Gay y Blason, P. and Wardle, H. (2007) *How to Read Ethnography*. Abingdon, Oxon and New York: Routledge.

Geer, B. (1964) 'First days in the field', in P.E. Hammond (ed.), *Sociologists at Work*. New York: Basic Books, pp. 322–44.

Geertz, C. (1973) *The Interpretation of Cultures*. New York: Basic Books.

Gibbs, G.R. (2014) 'Using software in qualitative analysis', in U. Flick (ed.), *The SAGE Handbook of Qualitative Data Analysis*. London: Sage, pp. 277–94.

Gibbs. G. (2018) *Analyzing Qualitative Data* (Book 6 of *The SAGE Qualitative Research Kit*, 2nd ed.). London: Sage.

Glaser, B. (2001) *The Grounded Theory Perspective*. Mill Valley, CA: Sociology Press.

Glaser, B.G. and Strauss, A.L. (1967) *The Discovery of Grounded Theory*. Chicago: Aldine.

Gobo, G. (2008) *Doing Ethnography*. London: Sage

Goffman, E. (1959) *The Presentation of Self in Everyday Life*. New York: Doubleday.

Goffman, E. (1963) *Behavior in Public Places*. Glencoe, IL: Free Press.

Goffman, E. (1967) *Interaction Ritual*. Chicago: Aldine.

Goffman, E. (1969) *Strategic Interaction*. Philadelphia: University of Pennsylvania Press.

Gold, R.L. (1958) 'Roles in sociological fieldwork', *Social Forces*, 36: 217–23.

Goodall, H. (2000) *Writing the New Ethnography*. Walnut Creek, CA: AltaMira Press.

Gordon, T., Holland, J. and Lahelma, E. (2001) 'Ethnographic research in educational settings', in P. Atkinson, A. Coffey, S. Delamont, J. Lofland and L. Lofland (eds), *Handbook of Ethnography*. London: Sage, pp. 188–203.

Hall, T., Lashua, B. and Coffey, A. (2008) 'Sounds and the everyday in qualitative research', *Qualitative Inquiry*, 14 (6): 1019–40.

Hallett, R.E. and Barber, K. (2014) 'Ethnographic research in a cyber era', *Journal of Contemporary Ethnography*, 43 (3): 306–30.

Hammersley, M. (2005) 'Is the evidence-based practice movement doing more good than harm? Reflections on Iain Chalmers' case for research-based policy making and practice', *Evidence & Policy*, 1 (1): 85–100.

Hammersley, M. (2009) 'Can we re-use qualitative data via secondary analysis? Notes on some terminological and substantive issues', *Sociological Research Online*, 15 (1): 5.

Hammersley, M. and Atkinson, P. (2007) *Ethnography: Principles in Practice*, 3rd ed. Abingdon: Routledge

Harding, S. (1987) *Feminism and Methodology*. Bloomington and Indianapolis, IN: Indiana University Press.

Hecht, T. (2006) *After Life: An Ethnographic Novel*. Durham, NC: Duke University Press.

Hendry, J. (1992) 'The paradox of friendship in the field', in J. Okely and H. Callaway (eds), *Anthropology and Autobiography*. London: Routledge, pp. 163–74.

Hermann, A.K. (2016) 'Ethnographic journalism', *Journalism*, 17 (2): 260–78.

Heyl, B.S. (2001) 'Ethnographic interviewing', in P. Atkinson, A. Coffey, S. Delamont, J. Lofland and L. Lofland (eds), *Handbook of Ethnography*. London: Sage, pp. 369–83.

Hine, C. (2000) *Virtual Ethnography*. London: Sage.

Hjorth, L. and Sharp, K. (2014) 'The art of ethnography', *Visual Studies Journal*, 29 (2): 128–35.

Hockey, J. (1986) *Squaddies: Portrait of a Subculture*. Exeter: University of Exeter Press.

Hockey, J. (1996) 'Putting down smoke: emotion and engagement in participant observation', in K. Carter and S. Delamont (eds), *Qualitative Research: The Emotional Dimension*. Aldershot: Avebury, pp. 12–27.

Holman Jones, S. (2005) 'Autoethnography: making the personal political', in N.K. Denzin and Y.S. Lincoln (eds), *Handbook of Qualitative Research*, 3rd ed. Thousand Oaks, CA: Sage, pp. 763–91.

Horlick-Jones, T. (2011) 'Understanding fear of cancer recurrence in terms of damage to everyday health competence', *Sociology of Health and Illness*, 33 (6): 884–98.

Hunt, S. (1987) 'Take a deep breath in: an ethnography of a hospital labour ward', MSc Econ. Dissertation, University of Wales, Cardiff.

Hutheesing, O.K. (1993) 'Facework of a female elder in a Lisu field, Thailand', in D. Bell, P. Caplan and W.J. Karim (eds), *Gendered Fields*. London and New York: Routledge, pp. 93–102.

Jacobson, M. and Larsen, S.C. (2014) 'Ethnographic fiction for writing and research in cultural geography', *Journal of Cultural Geography*, 31 (2): 179–93.

Jennaway, M. (1990) 'Paradigms, postmodern epistemologies and paradox: the place of feminism in anthropology', *Anthropological Forum*, 6 (2): 167–89.

Junker, B. (1960) *Fieldwork*. Chicago: University of Chicago Press.

Kelle, U. (ed.) (1995) *Computer-Aided Qualitative Data Analysis: Theory, Methods and Practice*. London: Sage.

Kolker, A. (1996) 'Thrown overboard: the human costs of health care rationing', in C. Ellis and A.P. Bochner (eds), *Composing Ethnography*. Walnut Creek, CA: AltaMira Press, pp. 132–59.

Kozinets, R.V. (2009) *Netnography: Doing Ethnographic Research Online*. London: Sage.

Labov, W. (ed.) (1972) *Language in the Inner City*. Philadelphia: University of Philadelphia Press.

Labov, W. (1982) 'Speech actions and reactions in personal narratives', in D. Tannen (ed.), *Analysing Discourse*. Washington DC: Georgetown University Press, pp. 219–47.

Lahman, M.K. (2008) 'Dreams of my daughter: an ectopic pregnancy', *Qualitative Health Research*, 19 (2): 272–8.

Langellier, K. and Hall, D. (1989) 'Interviewing women: a phenomenological approach to feminist communication research', in K. Caiter and C. Spitzack (eds), *Doing Research on Women's Communication: Perspectives on Theory and Method*. Norwood, NJ: Ablex, pp. 193–200.

Lather, P. (1991) *Getting Smart: Feminist Research and Pedagogy with/in the Postmodern*. New York: Routledge.

Lather, P. (2001) 'Postmodernism, post-structuralism and post(critical) ethnography: of ruins, aporias and angels', in P. Atkinson, A. Coffey, S. Delamont, J. Lofland and L. Lofland (eds), *Handbook of Ethnography*. London: Sage, pp. 475–92

Leavy, P. (2014) *The Oxford Handbook of Qualitative Research*. Oxford: Oxford University Press.

LeCompte, M.D. and Schensul, J.J. (2010) *Designing and Conducting Ethnographic Research*, 2nd ed. Maryland: AltaMira Press.

Letherby, G. (2003) *Feminist Research in Theory and Practice*. Buckingham: Open University Press.

Lofland, J. (1976) *Doing Social Life: The Qualitative Analysis of Human Interaction in Natural Settings*. New York: Wiley.

Lofland, J. and Lofland, L.H. (1995) *Analyzing Social Settings*, 3rd ed. Belmont, CA: Wadsworth.

Lynch, M. and Woolgar, S. (eds) (1990) *Representation in Scientific Practice*. Cambridge, MA: MIT Press.

Lyon, D. (2001) *Surveillance Society: Monitoring Everyday Life*. Milton Keynes: Open University Press.

Malinowski, B. (1922) *Argonauts of the Western Pacific*. London: Routledge and Kegan Paul.

Malinowski, B. (1987 [1929]) *The Sexual Life of Savages in North-Western Melanesia*. Boston, MA: Beacon Press.

Marcus, J. (1992) *A World of Difference*. London: Zed.

Marechal, G. and Linstead, S. (2010) 'Metropoems: poetic method and ethnographic experience', *Qualitative Inquiry*, 16 (1): 66–77.

May, T. (2001) *Social Research*. Buckingham: Open University Press.

Mienczakowski, J.E. (1995) 'The theatre of ethnography', *Qualitative Inquiry*, 1: 360–75.

Mienczakowski, J.E. (1996) 'The ethnographic act: the construction of consensual theatre', in C. Ellis and A.P. Bochner (eds), *Composing Ethnography*. Walnut Creek, CA: AltaMira Press, pp. 244–64.

Mienczakowski, J. (1999) 'Ethnography in the hands of participants', in G. Walford and A. Massey (eds), *Studies in Educational Ethnography, Vol. 2: Explorations in Methodology*. Oxford: Oxford University Press/JAI.

Mienczakowski, J. (2001) 'Ethnodrama: performed research – limitations and potential', in P. Atkinson, A. Coffey, S. Delamont, J. Lofland and L. Lofland (eds), *Handbook of Ethnography*. London: Sage, pp. 468–76.

Miles, M.B. and Huberman, A.M. (1994) *Qualitative Data Analysis*, 2nd ed. Thousand Oaks, CA: Sage.

Mills, C.W. (2008) 'Sociological poetry', in J.H. Summers (ed.), *The Politics of Truth: Selected Writings of C. Wright Mills*. Oxford: Oxford University Press, pp. 33–5.

Minh-ha, T.T. (2000) 'Not you/like you: postcolonial women and the interlocking questions of identity and difference', in D. Brydon (ed.), *Postcolonialism*. London and New York: Routledge, pp. 1210–15.

Murchison, J. (2010) *Ethnography Essentials: Designing, Conducting and Presenting Your Research*. San Francisco, CA: Jossey Bass.

Narayan, K. (1999) 'Ethnography and fiction: where is the border?', *Anthropology and Humanism*, 24 (2): 134–47.

Nilan, P.M. (2002) 'Dangerous fieldwork re-examined: the question of researcher subject position', *Qualitative Research*, 2 (3): 363–86.

Okely, J. and Callaway, H. (eds) (1992) *Anthropology and Autobiography*. London: Routledge.

O'Reilly, K. (2008) *Key Concepts in Ethnography*. London: Sage.

Ottenberg, S. (1990) 'Thirty years of fieldnotes: changing relationships to the text', in R. Sanjek (ed.), *Fieldnotes: The Makings of Anthropology*. Ithaca, NY and London: Cornell University Press, pp. 139–60.

Paget, M.A. (1990) 'Performing the text', *Journal of Contemporary Ethnography*, 19: 136–55.

Paget, M.A. (1993) *A Complex Sorrow: Reflections on Cancer and an Abbreviated Life*. Philadelphia: Temple University Press.

Peirce, C.S. (1979) *Collected Papers*. Cambridge, MA: Belknap.

Pink, S. (2007) *Doing Visual Ethnography*. London: Sage.

Pink, S. (2009) *Doing Sensory Ethnography*. London: Sage.

Pink, S (2013) *Doing Visual Ethnography*, 3rd ed. London: Sage.

Pink, S. (2015) *Doing Sensory Ethnography*, 2nd ed. London: Sage.

Pithouse, A. (1987) *Social Work: The Organisation of an Invisible Trade*. Aldershot: Avebury.

Plummer, K. (2001) *Documents of Life 2*. London: Sage.

Pollard, A. (1985) *The Social World of the Primary School*. London: Holt, Rinehart and Winston.

Pollner, M. and Emerson, R.M. (2001) 'Ethnomethodology and ethnography', in P. Atkinson, A. Coffey, S. Delamont, J. Lofland and L. Lofland (eds), *Handbook of Ethnography*. London: Sage, pp. 18–35.

Ramazanoglu, C. and Holland, J. (2002) *Feminist Methodology*. London: Sage.

Rapley, T. (2018) *Doing Conversation, Discourse and Document Analysis* (Book 7 of *The SAGE Qualitative Research Kit*, 2nd ed.). London: Sage.

Reed-Danahay, D. (2001) 'Autobiography, intimacy and ethnography', in P. Atkinson, A. Coffey, S. Delamont, J. Lofland and L. Lofland (eds), *Handbook of Ethnography*. London: Sage, pp. 407–25.

Richardson, L. (1990) *Writing Strategies*. Newbury Park, CA: Sage.

Richardson, L. (2000) 'Writing: a method of inquiry', in N.K. Denzin and Y.S. Lincoln (eds), *Handbook of Qualitative Research*, Thousand Oaks, CA: Sage, pp. 923–48.

Richardson, L. and Lockridge, E. (2004) *Travels with Ernest: Crossing the Literary/Sociological Divide*. Walnut Creek, CA: AltaMira Press.

Riessman, C. (1993) *Narrative Analysis*. Newbury Park, CA: Sage.

Rock, P. (2001) 'Symbolic interactionism and ethnography', in P. Atkinson, A. Coffey, S. Delamont, J. Lofland and L. Lofland (eds), *Handbook of Ethnography*. London: Sage, pp. 26–38.

Rose, G. (2007) *Visual Methodologies*, 2nd ed. London: Sage.

Said, E. (1978) *Orientalism*. London: Routledge and Kegan Paul.

Saldaña, J. (2005) *Ethnodrama: An Anthology of Reality Theatre* (Crossroads in Qualitative Inquiry Series, Vol. 5). Walnut Creek, CA: AltaMira Press.

Sanjek, R. (1990) (ed.) *Fieldnotes: The Makings of Anthropology*. Ithaca, NY and London: Cornell University Press.

Schrock, R.D. (2013) 'The methodological imperatives of feminist ethnography', *Journal of Feminist Scholarship*, 5 (Fall).

Scourfield, J. (2003) *Gender and Child Protection*. London: Palgrave Macmillan.

Seidel, J. and Kelle, U. (1995) 'Different functions of coding in the analysis of textual data', in U. Kelle (ed.), *Computer-Aided Qualitative Data Analysis: Theory, Methods and Practice*. London: Sage, pp. 52–61.

Silver, C. and Lewins, A. (2014) *Using Software in Qualitative Research*, 2nd ed. London: Sage.

Silverman, D. (2011) *Interpreting Qualitative Data*, 4th ed. London: Sage.

Silverman, D. (2015) *Interpreting Qualitative Data*, 5th ed. London: Sage.

Small, M.L. (2009) 'On science and the logic of case selection in field-based research', *Ethnography*, 10 (1): 5–38.

Smith, D.E (2005) *Institutional Ethnography*. Lanham, MD: AltaMira.

Spencer, J. (2001) 'Ethnography after postmodernism', in P. Atkinson, A. Coffey, S. Delamont, J. Lofland and L. Lofland (eds), *Handbook of Ethnography*. London: Sage, pp. 443–52.

Spradley, J.P. (1979) *The Ethnographic Interview*. New York: Holt, Rinehart and Winston.

Stacey, J. (1988) 'Can there be a feminist ethnography?', *Women's Studies International Forum*, 11 (1): 21–7.

Stanczak, G.C. (2007) *Visual Research Methods*. Thousand Oaks, CA: Sage.

Stanley, L. (1990) *Feminist Praxis: Research, Theory and Epistemology in Feminist Sociology*. London: Routledge.

Stanley, L. (1999) 'Debating feminist theory: more questions than answers?', *Women's Studies Journal*, 51 (1): 87–106.

Stebbins, R.A. (1991) 'Do we ever leave the field? Notes on secondary fieldwork involvements', in W.B. Shaffir and R.A. Stebbins (eds), *Experiencing Fieldwork*. Newbury Park, CA: Sage, pp. 248–58.

Strauss, A.L. (1987) *Qualitative Analysis for Social Scientists*. Cambridge: Cambridge University Press.

Strauss, A.L. and Corbin, J. (1990) *Basics of Qualitative Research: Grounded Theory, Procedures and Techniques*. Newbury Park, CA: Sage.

ten Have, P. (2007) *Doing Conversational Analysis*. London: Sage.

Tesch, R. (1990) *Qualitative Research: Analysis Types and Software Tools*. London: Falmer.

Tewksbury, R. (2009) 'Qualitative versus quantitative methods: understanding why qualitative methods are superior for criminology and criminal justice', *Journal of Theoretical and Philosophical Criminology*, 1 (1): 38–58.

Thornberg, R. and Charmaz, K. (2014) 'Grounded theory and theoretical coding', in U. Flick (ed.), *The SAGE Handbook of Qualitative Data Analysis*. London: Sage, pp. 153–69.

Urquhart, C. (2012) *Grounded Theory for Qualitative Research*. London: Sage.

Urry, J. (2007) *Mobilities*. Cambridge: Polity Press.

Van Maanen, J. (1988) *Tales of the Field*. Chicago: University of Chicago Press.

Van Maanen, J. (2011) *Tales of the Field*, 2nd ed. Chicago: University of Chicago Press.

Walter, L. (1995) 'Feminist anthropology?', *Gender and Society*, 9 (3): 272–88.

Wiles, R., Crow, G. and Pain, H. (2011) 'Innovation in qualitative research methods: a narrative review', *Qualitative Methods*, 11 (5): 587–604.

Wolf, M. (1992) *A Thrice Told Tale: Feminism, Postmodernism and Ethnographic Responsibility*. Stanford, CA: Stanford University Press.

Woods, P. (1996) *Researching the Art of Teaching: Ethnography for Educational Use*. London: Routledge.

Woodward, K. (2015) *Psychosocial Studies: An Introduction*. Oxford: Routledge.

译后记

　　几年前,我的老同学林小英博士打来电话,说她要组织出版一套"质性研究方法译丛",请我翻译其中一本——"*Doing Ethnography*",说我从事过多年研究生质性研究方法教学,现在又从事人类学教学和研究,因而是翻译这本小册子的上佳人选。作为多年挣扎在学界底层、无人理睬、被人嫌弃的中年教工,我顿时心头涌起一股暖流,竟不知天高地厚,二话没说就接下这个苦活。其实没过两个小时我就后悔了,但是多少是由于害怕失去已经不多的同学之谊,几次把手机拿起又放下,几次把微信写好又删掉,最终没能把道歉和放弃的话说出口,只好硬着头皮断断续续拖了几年才翻译完。

　　我从本科时代起,就开始搜集整理裕固族口头传统作品,早已知晓这些作品从"现场"到"文本"的转译过程中"无法尽译"的事实。回想起来,我先是从突厥语言学家陈宗振先生对西部裕固语民歌的翻译中揣摩到了"译得贴切"的含义,进而从文学家曾缄先生和藏学家于道泉先生对六世达赖仓央嘉措诗歌译本的比较阅读中悟到了"译得传神"的境界。但是,我必须坦率地承认"译得贴切"和"译得传神"很可能跟这本小册子都不沾边。我只能说,我就是把它译出来而已。我一直坚信,译著的最高目标始终是把读者引向原著。想到这里,我心里不禁些许释然,因为今天高校青年学子和学界一般读者都具备一定的英文阅读能力。在此,我郑重申明:任何出于严谨的学术辩论目的而对这本小册子相关内容的征引均应检核英文原文。

　　追求"名正言顺"是汉语学界历史悠久的学术传统之一。我们知道,作为现代学术体系要件的社会科学最初是舶来之物,但是经过数代学者的努力,已经建立起一套与广泛使用的欧美语言,尤其是英语的社会科学术语对译体系,但也毋庸讳言,一些关键术语对译至今仍不精当。在汉语人类学术语中,当下对译得最不严谨的核心术语当属"民族志"(ethnography)和"民族学"(ethnology)。经过多年的分析思考,我认为现在是启用新的对译,即"人群志"(ethnography)和"人群学"(ethnology)的恰当时机。新的对译力图搁置各方力量加诸汉语"民族"一词炽热的政治想象,并尝试正面回应非人类学从业者对"民族志"这一术语的质疑和批评,使这些学术同行从明明其研究与"民族"无涉但却不得不使用"民族志"这一术语的尴尬和无奈中解放出来(使用"人群志"译名更为详尽的原因和理由容另文专述,此处不赘)。值得一提的是,还有两个重要的术语,我没有采用比较流行的汉文译名。一个是"symbolic interactionism",没有采用"符号互动论"而是译为了"象征互动论";另一个是"representation",没有采用"表征"而是译为了"再现"。

由于工作繁杂和译文丢失等原因,翻译进程时断时续,不仅没有按时交稿,还一再爽约。感谢译丛组织者林小英博士和格致出版社编辑王萌先生和顾悦女士,他们的宽宏大量和耐心等待成全了这本小册子。但书中所有的错误、遗漏和失当,都由我本人负责,敬请专家和读者批评指正。

巴战龙

于北京师范大学

图书在版编目(CIP)数据

人群志/(英)阿曼达·科菲著;巴战龙译;林小
英校.—上海:格致出版社:上海人民出版社,
2023.4
(格致方法.质性研究方法译丛)
ISBN 978-7-5432-3427-7

Ⅰ.①人… Ⅱ.①阿… ②巴… ③林… Ⅲ.①人类学
-研究方法 Ⅳ.①Q98-3

中国国家版本馆 CIP 数据核字(2023)第 036189 号

责任编辑 顾 悦
装帧设计 路 静

格致方法·质性研究方法译丛

人群志
[英]阿曼达·科菲 著

巴战龙 译

林小英 校

出 版 格致出版社
上海人民出版社
(201101 上海市闵行区号景路 159 弄 C 座)
发 行 上海人民出版社发行中心
印 刷 上海商务联西印刷有限公司
开 本 635×965 1/16
印 张 9.75
插 页 2
字 数 136,000
版 次 2023 年 4 月第 1 版
印 次 2023 年 4 月第 1 次印刷
ISBN 978-7-5432-3427-7/C·285
定 价 45.00 元

格致方法·质性研究方法译丛

访谈(第二版)

  [丹]斯文·布林克曼 斯泰纳尔·克韦尔 著 曲鑫 译

质性研究质量管理(第二版)

  [德]伍威·弗里克 著 张建新 译

扎根理论

  [德]伍威·弗里克 著 项继发 译 林小英 校

三角互证与混合方法

  [德]伍威·弗里克 著 郑春萍 译

质性研究设计(第二版)

  [德]伍威·弗里克 著 范杰 译 林小英 校

焦点小组(第二版)

  [英]罗莎琳·巴伯 著 杨蕊辰 译 林小英 校

质性研究中的视觉资料(第二版)

  [英]马库斯·班克斯 著 林小英 译

会话、话语与文档分析(第二版)

  [英]蒂姆·拉普利 著 游鑫 译 林小英 校

人群志

  [英]阿曼达·科菲 著 巴战龙 译 林小英 校

质性资料分析(第二版)

  [英]格雷厄姆·吉布斯 著 林小英 译